高等院校职业技能实训规划教材

Adobe Premiere Pro CS6影视编辑
设计与制作案例技能实训教程

李 明 刘 悦 赵毅飞 主 编

U0232206

清华大学出版社
北 京

内 容 简 介

本书以实操案例为单元,以知识详解为主导,从Premiere Pro最基本的应用讲起,全面细致地对影视编辑作品的创作方法和设计技巧进行了介绍。全书共9章,实操案例包括制作节目倒计时片头、制作短片字幕、制作宣传影片、制作汽车广告、制作交响乐、制作FLV格式的影片、制作圣诞节目片头、制作印象成都宣传片等。理论知识涉及素材采集与导入、素材编排与归类、视频剪辑操作、字幕设计、视频切换效果、音频的编辑、音频特效、项目的输出等内容在讲解理论知识后,还安排了针对性的项目练习,以供读者练习。

全书结构合理、语句通俗易懂、图文并茂、易教易学,既适合作为高职高专院校和应用型本科院校计算机专业、影视学专业的教材,又适合作为广大影视编辑爱好者的参考书。

图书在版编目(CIP)数据

Adobe Premiere Pro CS6影视编辑设计与制作案例技能实训教程/ 李明,刘悦,赵毅飞主编. —北京:清华大学出版社,2017(2018.8重印)

(高等院校职业技能实训规划教材)

ISBN 978-7-302-47396-1

Ⅰ.①A… Ⅱ.①李… ②刘… ③赵… Ⅲ.①视频编辑软件—高等职业教育—教材 Ⅳ.①TN94

中国版本图书馆CIP数据核字(2017)第124499号

责任编辑:陈冬梅
装帧设计:杨玉兰
责任校对:吴春华
责任印制:刘海龙

出版发行:清华大学出版社
   网 址:http://www.tup.com.cn,http://www.wqbook.com
   地 址:北京清华大学学研大厦A座 邮 编:100084
   社 总 机:010-62770175   邮 购:010-62786544
   投稿与读者服务:010-62776969,c-service@tup.tsinghua.edu.cn
   质量反馈:010-62772015,zhiliang@tup.tsinghua.edu.cn
印 装 者:三河市铭诚印务有限公司
经 销:全国新华书店
开 本:185mm×260mm 印 张:16.25 字 数:392千字
版 次:2017年7月第1版   印 次:2018年8月第 2 次印刷
定 价:49.00元

产品编号:072857-01

P前言
Preface

  Adobe Premiere 是由 Adobe 公司推出的一款视频编辑软件，其提供了采集、剪辑、调色、美化音频、字幕设计、输出、DVD 刻录等一整套流程，深受广大视频爱好者的喜爱。为了满足新形势下的教育需求，我们组织了一批富有经验的设计师和高校教师，共同策划编写了本书，以让读者能够更好地掌握影视作品的设计技能，更好地提升动手能力，更好地与社会相关行业接轨。

  本书以实操案例为单元，以知识详解为陪衬，先后对各类型动画作品的设计方法、操作技巧、理论支撑、知识阐述等内容进行了介绍。全书分为 9 章，其主要内容如下。

章节	作品名称	知识体系
第 1 章	创建我的项目	介绍了 Premiere Pro 工作界面、素材采集与导入、编排与归类等
第 2 章	制作节目倒计时	介绍了监视器窗口剪辑素材、时间线上剪辑素材、项目窗口创建素材等
第 3 章	制作短片字幕	介绍了字幕的创建、字幕设计面板、为字幕添加艺术效果等
第 4 章	制作宣传影片	介绍了认识视频切换、运用视频切换、外挂视频切换特效等
第 5 章	制作汽车广告	介绍了视频特效概述、关键帧制作特效的应用以及视频效果的应用等
第 6 章	制作交响乐	介绍了音频的分类、音频控制台、编辑音频、音频特效等
第 7 章	输出 FLV 格式的影片	介绍了项目输出准备、可输出的格式、输出设置等
第 8 章	制作圣诞节目片头	介绍了创意构思、片头背景效果的制作、装饰动画的制作、旋转雪花效果的制作、字幕动画效果的制作，以及预览并导出片头等
第 9 章	制作印象成都宣传片	介绍了宣传片的创意构思、宣传片各场景效果的制作等

  本书结构合理、讲解细致、特色鲜明，内容着眼于专业性和实用性，符合读者的认知规律，也更侧重于综合职业能力与职业素养的培养，集"教、学、练"为一体。本书适合应用型本科、职业院校、培训机构作为教材使用。

P前言
Preface

本书由李明、刘悦、赵毅飞主编，具体分工为：李明编写第3、4、5、7、8章，刘悦编写第1、2章，赵毅飞编写第6、9章。此外，参与本书编写的人员还有伏凤恋、许亚平、张锦锦、王京波、彭超、王春芳、李娟、李慧、李鹏燕、胡文华、吴涛、张婷、宋可、王莹莹、曹培培、何维风、张班班等，在此一并表示感谢。这些老师在长期的工作中积累了大量的经验，在写作的过程中始终坚持严谨细致的态度、力求精益求精。

由于作者水平有限，书中疏漏之处在所难免，希望读者朋友批评指正。

需要获取教学课件、视频、素材的读者可以发送邮件到：619831182@QQ.com或添加微信公众号DSSF007留言申请，制作者会在第一时间将其发至您的邮箱。在学习过程中，欢迎加入读者交流群(QQ群：281042761)进行学习探讨！

编　者

C ontents 目录

第 1 章　创建我的项目
——Premiere Pro 基础操作详解

第 2 章　制作节目倒计时片头
——视频剪辑操作详解

Contents 目录

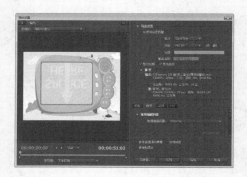

第3章　制作短片字幕
——字幕设计详解

第4章　制作宣传影片
——视频切换效果详解

第5章　制作汽车广告
——视频特效详解

第6章 制作交响乐
——音频剪辑详解

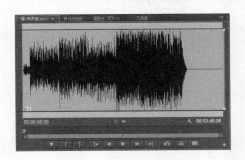

第7章 制作 FLV 格式的影片
——项目输出详解

Contents 目录

第 8 章 综合案例
——制作圣诞节目片头

第9章 综合案例
——制作印象成都宣传片

第1章

创建我的项目
——Premiere Pro 基础操作详解

本章概述：

　　Adobe Premiere Pro 是目前最流行的非线性编辑软件，也是全球用户量最多的非线性视频编辑软件，是数码视频编辑的强大工具。本章将对 Premiere Pro 的工作界面、功能特性等知识进行讲解。通过对本章的学习，用户可以全面认识和掌握 Premiere Pro 的工作界面及视频剪辑的基本流程。

要点难点：

Premiere Pro 的基本操作　★☆☆
素材的导入　★☆☆
素材的编排与归类　★★☆

案例预览：

导出项目

标记素材

Adobe Premiere Pro CS6

影视编辑设计与制作案例技能实训教程

CHAPTER 01

CHAPTER 02

CHAPTER 03

CHAPTER 04

CHAPTER 05

【跟我学】 新建项目并保存

下面将介绍在 Premiere Pro 中新建项目、新建序列以及将项目文件保存为副本等操作。

1. 新建项目和序列

STEP 01 新建项目，在弹出的"新建项目"对话框中设置名称、保存位置等参数，单击"确定"按钮，如图 1-1 所示。

STEP 02 单击"确定"按钮后，在弹出的"新建序列"对话框中设置序列参数，如图 1-2 所示。

图 1-1

图 1-2

STEP 03 在"新建序列"对话框中，切换到"设置"选项卡，设置相应的参数，如图 1-3 所示。

STEP 04 设置"轨道"相关参数，如图 1-4 所示。

图 1-3

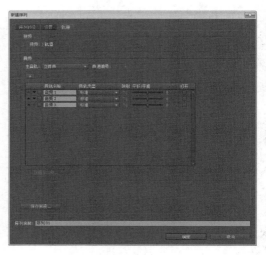

图 1-4

2. 导入素材

STEP 01 执行"文件＞导入"命令，如图 1-5 所示。

STEP 02 在弹出的"导入"对话框中选择素材，如图 1-6 所示。

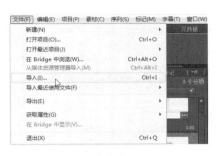

图 1-5

图 1-6

3. 将素材插入"时间线"面板

STEP 01 单击"打开"按钮，素材被导入到"项目"面板中，如图 1-7 所示。

STEP 02 将时间滑块拖动至开始处，选择素材，在"项目"面板中单击"自动匹配序列"按钮，如图 1-8 所示。

图 1-7

图 1-8

STEP 03 在弹出的"自动匹配到序列"对话框中设置参数，如图 1-9 所示。

STEP 04 单击"确定"按钮后，在"时间线"面板中可以看到素材被插入到"视频 1"轨道中，素材连接处添加了"交叉叠化"转场特效，如图 1-10 所示。

图 1-9

图 1-10

4．浏览编辑效果并插入音频

STEP 01 在"节目监视器"面板中，拖动时间滑块，浏览自动成为序列的素材之间的过渡效果，如图 1-11 所示。

STEP 02 用同样的方法插入 music.mp3 音频素材，如图 1-12 所示。

图 1-11

图 1-12

5．将项目文件保存为副本

STEP 01 执行"文件 > 保存副本"命令，如图 1-13 所示。

STEP 02 在弹出的"保存项目"对话框中设置保存路径和名称，单击"保存"按钮，如图 1-14 所示。

图 1-13

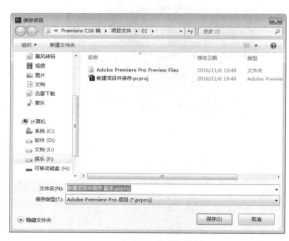
图 1-14

【听我讲】

1.1　Premiere Pro 入门知识

Premiere Pro 作为功能强大的多媒体视频、音频编辑软件，应用范围不胜枚举，制作效果美不胜收，足以协助用户更加高效地工作。Premiere Pro 的用户界面由多个活动窗口组成，数码视频的后期处理就是在各种窗口中进行的。

1.1.1　Premiere Pro 工作界面

Premiere Pro 在制作工作流中的每个方面都获得了实质性的发展，允许专业人员用更少的渲染作更多的编辑。下面将对 Premiere Pro 的各个操作窗口、功能窗口及主菜单栏进行详细的讲解。

1. 菜单栏

菜单栏分为"文件""编辑""项目""素材""序列""标记""字幕""窗口"和"帮助"等 9 个菜单选项，每个菜单选项代表一类命令。

2. "项目"面板

"项目"面板用于对素材进行导入、存放和管理，如图 1-15 所示。该面板可以用多种方式显示素材，包括素材的缩略图、名称、类型、颜色标签、出入点等信息；也可为素材分类、重命名素材、新建一些素材。

图 1—15

3. "节目监视器"面板

"节目监视器"面板显示的是音、视频节目编辑合成后的最终效果，用户可通过预览最终效果来估算编辑的效果与质量，以便进行进一步的调整和修改。该窗口如图 1-16 所示。

在该面板的右下方有"提升"和"提取"按钮，用来删除序列中选中的部分内容。单击右下角的"导出单帧"按钮，打开"导出单帧"对话框，可以将序列单独导出为单帧图片。

4. "时间线"面板

"时间线"面板是 Premiere Pro 中最主要的编辑面板，如图 1-17 所示。在该面板中可以按照时间顺序排列和连接各种素材，可以剪辑片段和叠加图层，设置动画关键帧和合成效果等。时间线还可多层嵌套，该功能对制作影视长片或者复杂特效十分有用。

图 1-16

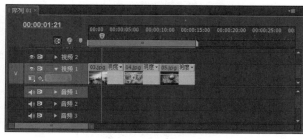

图 1-17

5. "工具"面板

"工具"面板中存放着多种常用的操作工具，这些工具主要用于在"时间线"面板中进行编辑操作，如选择、移动、裁剪等。该面板如图 1-18 所示。

6. 自定义工作区

Premiere Pro 为用户提供了"编辑""效果"等多种预设布局，用户可以根据自身编辑习惯来选择其中一种布局模式。选择的布局模式并不是不可变化的，用户可以对当前的布局模式进行编辑，如调整部分面板在操作界面中的位置、取消某些面板在操作界面中的显示等。在任意一个面板右上角单击扩展按钮，在弹出的扩展菜单中执行"浮动面板"命令，如图 1-19 所示，即可将当前面板脱离操作界面，如图 1-20 所示。

图 1-18

图 1-19

图 1—20

当调整后的界面布局并不适用于编辑需要时，用户可以将当前布局模式重置为默认的布局模式。重置布局模式的命令为"窗口＞工作区＞重置当前工作区"。下面将对其具体的设置操作进行介绍。

STEP 01 打开项目文件，即可观看工作区布局，如图 1-21 所示。

STEP 02 执行"窗口＞工作区＞重置当前工作区"命令，如图 1-22 所示。

图 1—21

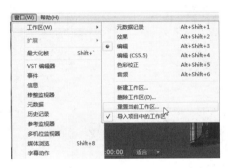

图 1—22

STEP 03 在弹出的"重置工作区"对话框中单击"是"按钮，如图 1-23 所示。

STEP 04 完成上述操作后，即可观看重置后的工作区效果，如图 1-24 所示。

图 1—23

图 1—24

1.1.2　视频剪辑的基本流程

本节将介绍运用 Premiere Pro 视频编辑软件进行影片编辑的工作流程。通过本节的学习，读者可了解如何把零散的素材整理制作成完整的影片。

1．前期准备

要制作一部完整的影片，首先要有一个优秀的创作构思将整个故事描述出来，确立故事的大纲。随后根据故事的大纲做好详细的细节描述，以此作为影片制作的参考指导。脚本编写完成之后，按照影片情节的需要准备素材。素材的准备工作是一个复杂的过程，一般需要使用 DV 等摄像机拍摄大量的视频素材，另外也需要收集音频和图片等素材。

2．设置项目参数

要使用 Premiere Pro 编辑一部影片，首先应创建符合要求的项目文件，并将准备的素材文件导入至"项目"面板中备用。设置项目参数包括以下几点：①在新建项目时，设置项目参数，如图 1-25 所示；②在进入编辑项目之后，可执行"编辑＞首选项"子菜单中的命令，来设置软件的工作参数，如图 1-26 所示。

图 1-25

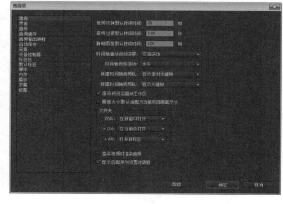

图 1-26

新建项目时，设置的项目参数主要包括序列的编辑模式与帧大小、轨道参数。

3．导入素材

在新建项目之后，接下来需要做的是将待编辑的素材导入到 Premiere Pro 的"项目"面板，为影片编辑做准备。

一般的导入素材的方法是执行"文件＞导入"命令，通过弹出的"导入"对话框导入素材，如图 1-27 所示。在实际操作中，用户也可以直接在"项目"面板的空白处双击鼠标左键，通过"导入"对话框导入素材，如图 1-28 所示。

4．编辑素材

导入素材之后，接下来应在"时间线"面板中对素材进行编辑。编辑素材是使用Premiere 编辑影片的主要内容，包括设置素材的帧频及画面比例、素材的三点和四点插入法等，这部分内容将在后面的章节中进行详细讲解。

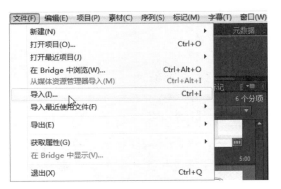

图 1-27

图 1-28

5. 导出项目

在编辑完项目之后，就需要将编辑的项目进行导出。导出项目包括两种情况：导出媒体和导出编辑项目。

其中，导出媒体即将已经编辑完成的项目文件导出为视频文件，一般应该导出为有声视频文件，且应根据实际需要为导出影片设置合理的压缩格式。导出媒体需要在"导出设置"对话框中设置相应的媒体参数，如图 1-29 所示。导出编辑项目包括导出到 Adobe Clip Tape、回录至录影带、导出到 EDL、导出到 OMP 等。

图 1-29

1.2 素材采集与导入

素材的来源有多种，有些用户的素材资源较多，在制作影片时，可以大量使用这些现成的素材。但即使是素材较多的用户，也必须掌握素材的采集知识。本节将为读者介绍视频采集的分类和导入素材等知识。

1.2.1 视频采集的分类

从摄影机采集视频素材分为两种情况：一种是采集数字视频，另一种是采集模拟视频。这两种采集视频的原理不同，且使用的硬件要求也不一样。

数字视频是使用 DV 数码摄影机拍摄的数字信号，由于其本身就是采用二进制编码的数字信息，而计算机也是使用数字编码处理信息的，因此只需要将视频数字信号直接传输到计算机中保存即可。采集数字视频素材时，除了需要摄影机以外，还需要计算机中安装有 1394 接口卡，这样才能将 DV 中的数字视频信号传输到计算机中。

模拟视频是使用模拟摄影机拍摄的模拟信息，该信息是一种电磁信号，在采集的时候通过播放解码图像，再将图像编码成数字信号保存到计算机中。相对于数字视频的采集过程而言，模拟视频的采集过程要复杂一些，对硬件的要求更高；而且在采集模拟视频的过程中丢失信息是必然的，因此其效果比数字视频差。由于模拟视频的这个缺点，它正逐渐被数字视频所取代。

操作技能

采集模拟视频一般需要安装一块具有 AV 复合端子或者 S 端子的非编卡，但是专业的非编卡价格非常昂贵，一般的家庭用户可以使用具有视频采集功能的电视卡代替，虽然画面效果较差，但其价格非常低廉。

1. 采集数字视频

采集数字视频主要是指从 DV 数字摄影机中采集视频素材。在进行数字视频采集之前，需要在 Premiere Pro 中对各种与采集相关的参数进行设置，才能保证采集工作的顺利进行，并保证视频素材的采集质量。

在采集视频素材之前，先要确定摄影机已经通过 1394 接口与计算机相连接，并且打开摄影机的电源开关，设置摄影机为播放工作模式，之后即可开始视频素材的采集。

2. 采集模拟视频

采集模拟视频，需要在计算机上安装一块带有 AV 复合端子或者 S 端子的非编卡。采集时，在模拟设备中播放视频，模拟的视频信号通过 AV 复合输入端子或者 S 端子传输到采集卡，采集卡对该信号进行采集并转化为数字信号保存到计算机硬盘指定位置。一般在采集过程中均需要对采集的视频信号进行压缩编码，以节省计算机的硬盘空间。

1.2.2 导入素材

Premiere Pro 支持图像、视频、音频等多种类型和文件格式的素材导入，这些类型素材的导入方式基本相同。可以通过不同的操作方法，将准备好的素材导入到"项目"面板中。本节将为读者介绍3种导入素材的操作方法：通过命令导入、从媒体浏览器导入以及直接拖入外部素材通过采集导入。

1. 通过命令导入素材

方法一：执行"文件>导入"命令，如图1-30所示，在弹出的"导入"对话框中展开素材的保存目录，选择需要导入的素材文件，然后单击"打开"按钮，即可将选择的素材导入到"项目"面板中。

方法二：在"项目"面板的空白处右击，从弹出的快捷菜单中选择"导入"命令，或是双击鼠标左键，在弹出的"导入"对话框中展开素材的保存目录，选择需要导入的素材文件，然后单击"打开"按钮，即可将选择的素材导入到"项目"面板中，如图1-31所示。

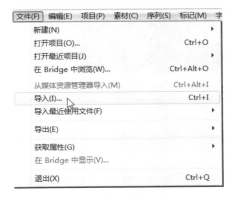

图 1-30　　　　　　　　　　　　　　　　图 1-31

2. 从媒体浏览器导入素材

在"媒体浏览"面板中展开所需素材文件的保存文件夹，将所需的素材文件选中，然后右击，从弹出的快捷菜单中选择"导入"命令，即可完成指定素材的导入，如图1-32、图1-33所示。

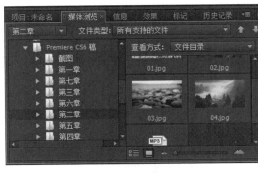
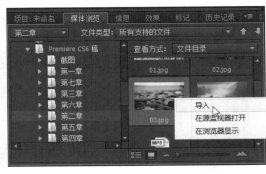

图 1-32　　　　　　　　　　　　　　　　图 1-33

3．直接拖入外部素材

在 Premiere Pro 版本中，导入素材的操作还可以通过直接拖入来完成。在文件夹中选择需要导入的素材文件，然后按住并拖动到"项目"面板中，就可以快速实现素材的导入，如图 1-34 所示。

图 1—34

1.3　素材编排与归类

素材的编排与归类包括对素材文件进行重命名、自定义素材标签颜色、创建文件夹进行分类管理等。本节将向读者详细地介绍素材编排与归类的具体内容和操作。

1.3.1　解释素材

当需要修改"项目"面板中的素材时，可通过"解释素材"命令修改其属性。包括设置帧速率、像素纵横比、场序、Alpha 通道等参数，以及观察素材的属性值。

选择需要修改的素材并右击，在弹出的快捷菜单中选择"素材>修改>解释素材"命令，如图 1-35 所示；在弹出的"修改素材"对话框中切换到"解释素材"选项卡，如图 1-36 所示。

图 1—35

图 1—36

1.3.2　重命名素材

素材文件一旦导入到"项目"面板中，就会和其源文件建立链接关系。对"项目"面板中的素材文件进行重命名往往是为了在影视编辑操作过程中更容易进行识别，但并不会改变源文件的名称。

选择"项目"面板中的素材之后，执行"素材 > 重命名"命令，输入新的名称即可，如图 1-37 所示；或是右击，在弹出的快捷菜单中选择"重命名"命令，输入新的名称即可，如图 1-38 所示。

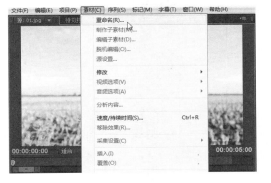

图 1-37　　　　　　　　　　　　　　　　　　图 1-38

素材文件一旦添加到序列中，就成为一个素材剪辑，也会和"项目"面板中的素材文件建立链接关系。添加到序列中的素材剪辑，是用该素材在"项目"面板中的名称作为剪辑名称；在对"项目"面板中的素材文件进行重命名后，已经添加到序列中的素材剪辑不会随之更新名称。可以选择"时间线"面板中的素材剪辑，执行"素材 > 重命名"命令，在弹出的"重命名剪辑"对话框中更改名称，如图 1-39、图 1-40 所示。

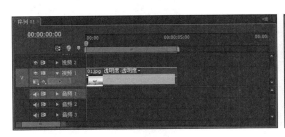

图 1-39　　　　　　　　　　　　　　　　　　图 1-40

1.3.3　建立素材文件夹

在进行大型影视编辑工作时，往往会有大量的素材文件，在查找选用时很不方便。通过在"项目"面板中建立文件夹，将素材科学合理地进行分类存放，则便于编辑时选用。

单击"项目"面板下方工具栏中的"新建文件夹"按钮，如图 1-41 所示；设置合适的名称之后，就在"项目"面板中创建一个素材文件夹，将所需素材文件拖进素材文件夹即可，如图 1-42 所示。

图 1—41   图 1—42

1.3.4　标记素材

标记是一种辅助性工具，主要功能是方便用户查找和访问特定的时间点，Premiere Pro 可以设置序列标记、Encore 章节标记和 Flash 提示标记。在"时间线"面板中选择素材，通过执行菜单栏中的命令可添加、编辑、删除素材标记。在"标记"菜单下，可以设置素材的出入点（如图 1-43 所示）；可以添加 Encore 章节标记、Flash 提示标记（如图 1-44 所示）等几种素材标记。

图 1—43   图 1—44

（1）序列标记。

序列标记需要在"时间线"面板中进行设置。序列标记主要包括出/入点、套选入点和出点等，可以设置的素材标记如图 1-45 所示。

（2）Encore 章节标记。

用户可以打开"标记 @*"对话框并自动选中"Encore 章节标记"单选按钮，在时间指针的当前位置添加 dvd 章节标记，作为将影片项目转换输出并刻录成 dvd 影碟后，在放入影碟播放机时显示的章节段落点，可以用影碟机的遥控器进行点播或跳转到对应的位置开始播放。

图 1-45

（3）Flash 提示标记。

用户可以打开"标记 @*"对话框并自动选中"Flash 提示点"单选按钮，在时间指针的当前位置添加 Flash 提示标记，作为将影片项目输出为包含互动功能的影片格式后（如 *.mov），在播放到该位置时，依据设置的 Flash 响应方式，执行设置的互动事件或跳转导航。

操作技能

若要删除不需要的标记，则可以将时间线跳转至该标记处，选择该标记后，执行"清除序列标记 > 当前标记"命令，即可将当前选择的标记删除。若执行"所有标记"命令，则删除所有的标记。

1.3.5　查找素材

在影视编辑工作中，素材量很大或较为混乱时，往往可以通过素材查找功能来搜索所需要的素材。

在"项目"面板的空白处右击，从弹出的快捷菜单中选择"查找"命令，如图 1-46 所示；或单击"项目"面板下方的"查找"按钮，在弹出的"查找"对话框中可以输入需要查找的对象信息，如图 1-47 所示。

图 1-46

图 1-47

1.3.6　离线素材编辑

当改变源文件的路径、名称或源素材被删除时，进行重命名或是位置移动后，系统会提示找不到素材，可通过"离线素材"功能为丢失的文件重新指定路径。离线素材具有与源素材文件相同的属性，起到一个"占位符"的作用。

选择"项目"面板中需要造成脱机的素材，执行"造成脱机"命令，如图 1-48 所示；在弹出的"造成脱机"对话框中选择对应的选项，即可将所选择的素材文件设为脱机，如图 1-49 所示。

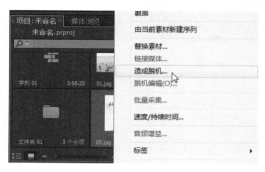

图 1—48

图 1—49

1.3.7　链接媒体

在项目中有处于脱机状态的素材剪辑时，右击该素材并从弹出的快捷菜单栏中选择"链接媒体"命令，如图 1-50 所示；在弹出的对话框中选择要链接的素材，如图 1-51 所示。

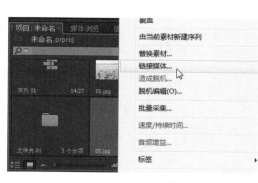

图 1—50

图 1—51

在弹出的对话框中展开所选素材的原始路径，查找所需素材文件，单击"选择"按钮后即可重新链接，恢复该素材在影片项目中的正常显示。

【自己练】

项目练习1：修改常规首选项

🖥 效果展示

通过对常规首选项的更改，可以调整最佳的工作界面，如图1-52所示。

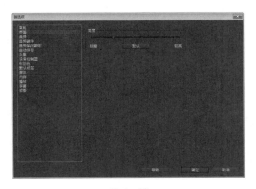

图 1-52

🖥 操作要领

（1）新建项目和序列，并设置参数。

（2）执行"编辑 > 首选项 > 界面"命令，设置界面亮度。

（3）退出并保存项目文件。

项目练习2：素材的导入与整理

🖥 效果展示

素材的导入和整理是视频剪辑过程中必不可少的一项工作，如图1-53所示。

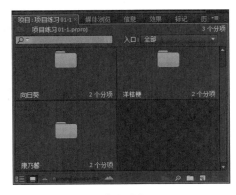

图 1-53

🖥 **操作要领**

（1）素材的导入。

（2）新建文件夹并重命名。

（3）将素材加以整理和标注。

第 2 章

制作节目倒计时片头
——视频剪辑操作详解

本章概述：

    学习视频剪辑软件，对于基础的剪辑知识的掌握也是非常必要的。剪辑就是通过对素材添加出点和入点从而截取其中好的视频片段，将其与其他视频素材进行组合从而形成一个新的视频片段。本章将对视频剪辑的一些基础理论知识和剪辑语言进行详细的介绍，让读者对视频剪辑有更深的认识。

要点难点：

    监视器窗口剪辑素材　★★☆
    时间线上剪辑素材　★★★
    "项目"面板剪辑素材　★☆☆

案例预览：

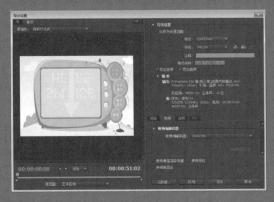

制作动画节目倒计时

标记入点

【跟我学】 制作动画节目倒计时片头

💻 作品描述:

倒计时播放在很多动画节目中经常出现,本案例将以动画节目播放倒计时为例,为读者详细介绍利用 Premiere Pro 进行视频剪辑的知识点,使读者更好地理解和应用视频剪辑的相关工具和知识。

1. 新建项目和序列

STEP 01 新建项目,在弹出的"新建项目"对话框中设置名称、保存位置等参数,如图 2-1 所示。

STEP 02 在弹出的"新建序列"对话框中设置项目序列参数,如图 2-2 所示。

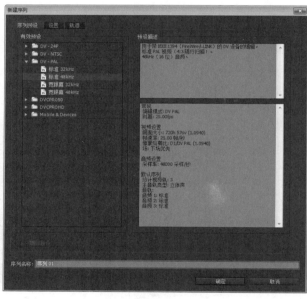

图 2-1　　　　　　　　　　　　图 2-2

2. 导入素材并插入"时间线"面板

STEP 01 在"项目"面板中双击,在弹出的素材文件夹中选择所需的素材,如图 2-3 所示。

STEP 02 单击"打开"按钮,即可将素材导入到"项目"面板中,如图 2-4 所示。

STEP 03 将"项目"面板中的"06.png"素材插入到"视频 2"轨道上,如图 2-5 所示。

STEP 04 打开"节目监视器"面板,在该面板中浏览图像素材,如图 2-6 所示。

图 2-3

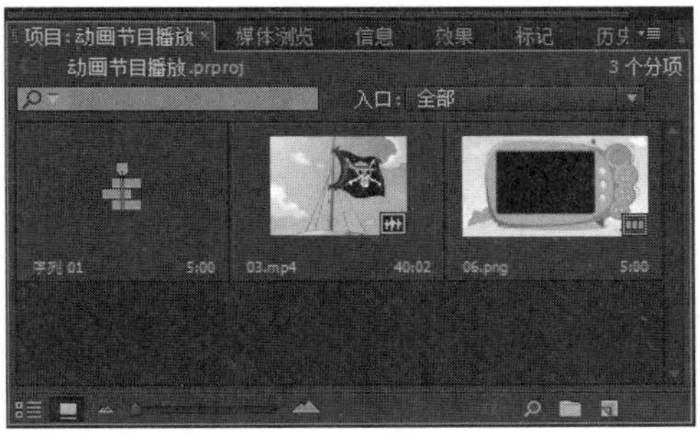

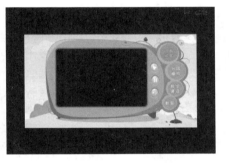

图 2-4

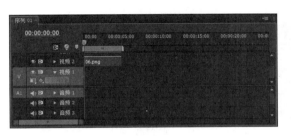

图 2-5

图 2-6

3．设置素材属性

STEP 01 选中"06.png"素材，切换至"特效控制台"面板，设置相关参数，如图 2-7 所示。

STEP 02 完成操作后，在"节目监视器"面板中预览效果，如图 2-8 所示。

图 2-7

图 2-8

4．新建倒计时片头

STEP 01 单击"项目"窗口工具栏中的"新建分项"按钮，在弹出的菜单中选择"倒计时向导"命令，如图 2-9 所示。

STEP 02 在打开的"新建通用倒计时片头"对话框中，设置好片头视频的参数，如图 2-10 所示。

图 2—9
　　　　　　　　　　　　　　　　　　图 2—10

5. 设置倒计时片头参数

STEP 01 单击"确定"按钮，弹出"倒计时向导设置"对话框，如图2-11所示。

STEP 02 单击"擦除色"后面的色块，在弹出的"颜色拾取"对话框中设置颜色值为（R: 40；G:150；B:200），如图2-12所示。

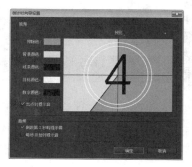

图 2—11
　　　　　　　　　　　　　　　　　　图 2—12

STEP 03 单击"线条颜色"后面的色块，在弹出的"颜色拾取"对话框中设置颜色值为（R:250；G:210；B:100），如图2-13所示。

STEP 04 单击"数字颜色"后面的色块，在弹出的"颜色拾取"对话框中设置颜色值为（R:255；G:255；B:255），如图2-14所示。

图 2—13
　　　　　　　　　　　　　　　　　　图 2—14

STEP 05 设置完成后，即可预览效果，如图2-15所示。

STEP 06 选中"每秒开始时提示音"复选框，即可预览倒计时效果，如图2-16所示。

图 2-15 图 2-16

6. 插入"时间线"面板

STEP 01 设置完成后关闭对话框,将"倒计时向导"拖至"时间线"面板的"视频1"轨道上,如图2-17所示。

STEP 02 用同样的方法将"03.mp4"素材拖至"倒计时向导"后,如图2-18所示。

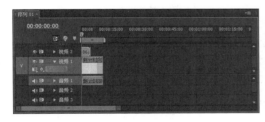

图 2-17 图 2-18

7. 设置素材相关属性

STEP 01 设置完成后将"06.png"素材拖曳使之时间长度与"视频1"轨道中的素材长度一致,如图2-19所示。

STEP 02 完成操作后即可预览效果,如图2-20所示。

图 2-19 图 2-20

STEP 03 选中"倒计时导向"素材,切换至"特效控制台"面板,设置相关参数,如图2-21所示。

STEP 04 完成操作后,在"节目监视器"面板中预览效果,如图2-22所示。

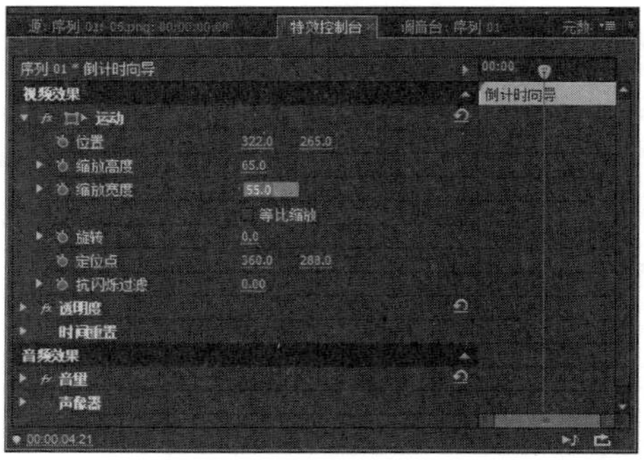

图 2—21

图 2—22

STEP **05** 选中 "6.png" 素材,切换至 "特效控制台" 面板,设置相关参数,如图 2-23 所示。

STEP **06** 完成操作后,在 "节目监视器" 面板中预览效果,如图 2-24 所示。

图 2—23

图 2—24

8. 预览效果并保存项目

STEP **01** 完成上述操作后,即可在 "节目监视器" 面板中预览效果,如图 2-25 所示。

STEP **02** 执行 "文件 > 保存" 命令,即可保存项目文件,如图 2-26 所示。

图 2—25

图 2—26

9．导出项目

STEP 01 设置完成后，按 Ctrl+M 组合键，在弹出的"导出设置"对话框中设置导出文件参数，如图 2-27 所示。

STEP 02 单击"确定"按钮，即可对当前项目进行输出，如图 2-28 所示。

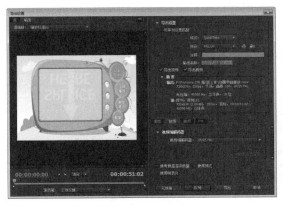

图 2—27

图 2—28

【听我讲】

2.1　监视器窗口剪辑素材

　　监视器窗口主要分为两个功能：观看素材和剪辑素材。观看素材需要在各个阶段进行，素材进入软件时需要观看源素材，找到需要留下的素材内容并设置出点、入点。素材剪辑效果也必须通过监视器窗口观看，根据监视器内容调整素材长短和切换的位置，逐渐形成一个完整的影片，这是一个不断尝试并修改的过程。

2.1.1　监视器窗口

　　监视器窗口中分左右两个监视器，左侧的是"源"监视器，主要用于预览和剪裁"项目"面板中选中的原始素材，如图 2-29 所示。右侧的是"节目"监视器，主要用于预览"时间线"面板序列中已经编辑的素材，也是最终输出视频效果的预览窗口，如图 2-30 所示。

　　安全区域包括节目安全区和字幕安全区。当制作的节目是用于广播电视时，由于多数电视机会切掉图像外边缘的部分内容，所以我们要参考安全区域来保证图像元素在屏幕范围之内，尤其要保证字幕在字幕安全区之内，重要节目内容在节目安全区之内。其中，里面的方框是字幕安全区，外面的方框是节目安全区。

图 2-29　　　　　　　　　　　　　　　　图 2-30

　　"源"监视器和"节目"监视器窗口都可以设置安全框，如图 2-31 所示。在"源"监视器窗口中，单击上方的黑色三角按钮，将弹出下拉列表，列表中会有"时间线"面板的素材序列表，通过它可以快速地浏览素材，如图 2-32 所示。

图 2-31   图 2-32

2.1.2　播放预览功能

使用"源"监视器播放素材时，可在"项目"面板或"时间线"面板中双击素材，也可以将"项目"面板中的任一素材直接拖至"源"监视器中将其打开。监视器的下方分别是素材时间编辑滑块位置时间码、窗口比例选择、素材总长度时间码显示。下方是时间标尺、时间标尺缩放器以及时间编辑滑块。最下部分是"源"监视器的控制器及功能按钮，如图 2-33 所示。

图 2-33

窗口左侧的黄色时间数值是表示时间标记■所在位置的时间，窗口右边的白色时间数值是表示影片入点与出点之间的时间长度。

在左侧时间数值旁边的下拉菜单选项可以改变窗口中影片显示大小，还可以选择相应的数值放大和缩小，若选择"适合"选项，则无论窗口大小、影片显示大小都将与显示窗口匹配，从而显示完整的影片内容。

在右侧时间数值旁边的 1/2 图标处的下拉列表选项可以改变素材在监视器窗口显示的清晰程度。根据电脑配置不同选择相应的数值，选择全分辨率时监视器窗口播放是最清晰的，但相应的在监视器窗口显示会有卡顿现象，选择 1/4 时监视器窗口播放清晰度会下降，播放卡顿现象减弱。

2.1.3　入点和出点

在素材开始帧的位置是入点，在结束帧的位置是出点。"源"监视器中入点与出点范围之外的东西相当于切去了，在时间线中这一部分将不会出现。改变出点、入点的位置，就可以改变素材在时间线上的长度。

改变入点、出点的方法如下。

STEP **01** 在 "项目" 面板中双击素材，被双击的素材会在 "源" 监视器窗口打开，如图 2-34 所示。

STEP **02** 在 "源" 监视器窗口按空格键和拖动时间标记来浏览素材，找到开始的位置，如图 2-35 所示。

图 2-34

图 2-35

STEP **03** 单击 "标记入点" 按钮 ▇▇ (快捷键 I 键)，入点位置的左边颜色不变，入点位置右边变成灰色，如图 2-36 所示。

STEP **04** 浏览影片找到结束的位置，单击 "标记出点" 按钮 ▇▇ (快捷键 O 键)，出点位置左边保持灰色，出点位置右边不变，如图 2-37 所示。

图 2-36

图 2-37

STEP **05** 素材入点、出点设置完后，将 "源" 监视器中的素材画面拖曳至时间线中，在时间线上显示的长度就是在 "源" 监视器设置完入点、出点的灰色部分，如图 2-38 所示。

STEP **06** 在设置入点、出点的时候还有一个快捷方式，右击 "添加标记" 按钮 ▇，即可添加标记，如图 2-39 所示。

图 2-38

图 2-39

2.1.4　设置标记点

为素材添加标记，设置备注内容是管理素材、剪辑素材的重要方法，下面将对其相关操作进行详细介绍。

1．添加标记

在"源"监视器窗口或者"时间线"面板中，将时间标记 ![img] 移到需要添加标记的位置，单击"添加标记"按钮 ![img]（快捷键 M），标记点会在时间标记处标记完成，如图 2-40 所示。

图 2-40

2．跳转标记

在"源"监视器窗口或者"时间线"面板，在标尺上右击，弹出快捷菜单，如图 2-41 所示。选择"到下一标记"命令，时间标记会自动跳转到下一标记的位置；选择"到上一标记"命令，时间标记自动跳转到前一个标记。

图 2-41

3．备注标记

在设置好的标记处 ![img] 双击，弹出标记信息框，在信息框中可以给标记命名、添加注释。

4．删除标记

在"源"监视器窗口或者"时间线"面板右击，弹出快捷菜单，如图 2-42 所示。选择"清除当前标记"命令可清除当前选中的标记，选择"清除所有标记"命令则所有标记被清除。

图 2-42

2.1.5　插入和覆盖

执行插入、覆盖时，可以将素材从"项目"面板和"源"监视器窗口放入"时间线"面板。在"源"监视器中单击"插入"按钮和"覆盖"按钮，会把素材直接放入"时间线"面板时间标记所在位置。

使用"插入"工具插入素材时，会把素材在时间标记处断开，时间标记后面的素材往后推移，插入的素材开头占领断开处，如图 2-43、图 2-44 所示。

图 2-43　　　　　　　　　　　　　　　　图 2-44

使用"覆盖"工具插入素材时，插入的素材会将时间标记后面原有的素材覆盖，如图 2-45、图 2-46 所示。

图 2-45　　　　　　　　　　　　　　　　图 2-46

2.1.6　提升和提取

与插入、覆盖图像类似，但是它们两组功能上的差异很大，提升、提取只能在"节目"监视器窗口操作，在"源"监视器窗口没有"提升""提取"按钮。"提升"按钮和"提取"按钮可以在"时间线"面板的指定轨道上删除指定的一段节目。使用"提升"工具修改影片时，只会删除目标轨道中选定范围内的素材片段，对其前、后素材以及其他轨道上的素材的位置都不产生影响。如图 2-47 所示是进行提升操作前，如图 2-48 所示是提升操作之后的效果。

| 图 2-47 | 图 2-48 |

使用"提取"工具修改影片时，会把"时间线"面板中位于选择范围之内的所有轨道中的片段删除，并且会将后面的素材前移，如图 2-49、图 2-50 所示。

| 图 2-49 | 图 2-50 |

在影视编辑工作中，经常会提取时间线中的素材，从而删除目标选择栏中指定的目标轨道中指定的片段，而且还会将其后的素材前移，填补空缺。下面详细介绍提取时间线中素材的操作。

1. 新建项目和序列

STEP 01 新建项目，在弹出的"新建项目"对话框中设置名称、保存位置等参数，如图 2-51 所示。

STEP 02 在弹出的"新建序列"对话框中设置项目序列参数，如图 2-52 所示。

| 图 2-51 | 图 2-52 |

Adobe Premiere Pro CS6
影视编辑设计与制作案例技能实训教程

CHAPTER 01

CHAPTER 02

CHAPTER 03

CHAPTER 04

CHAPTER 05

2．导入素材并插入"时间线"面板

STEP 01 在"项目"面板中双击，在弹出的素材文件夹中选择所需的"02.mp4"视频素材，如图 2-53 所示。

STEP 02 单击"打开"按钮，即可将素材导入到"项目"面板中，如图 2-54 所示。

图 2-53

图 2-54

STEP 03 将"项目"面板中的素材拖至"时间线"面板中，在弹出的"素材不匹配警告"对话框中，单击"更改序列设置"按钮，如图 2-55 所示。

STEP 04 完成操作后即可将素材插入"时间线"面板中，如图 2-56 所示。

图 2-55

图 2-56

3．提取时间线中的素材

STEP 01 打开"节目监视器"面板，在 00:01:50:00 处，执行"标记＞添加入点"命令为素材添加入点标记，如图 2-57 所示。

STEP 02 在 00:02:47:09 处，执行"标记＞添加出点"命令为素材添加出点标记，如图 2-58 所示。

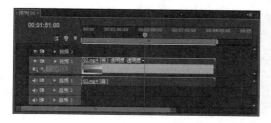

图 2-57

图 2-58

STEP **03** 在"节目"监视器窗口，单击"提取"按钮 ，即可提取时间线上的素材，如图 2-59 所示。

STEP **04** 完成上述操作之后，即可观看时间轴面板的效果，如图 2-60 所示。

图 2-59

图 2-60

4. 预览效果并保存项目

STEP **01** 完成上述操作后，即可在"节目监视器"面板中预览效果，如图 2-61 所示。

STEP **02** 执行"文件 > 保存"命令，即可保存项目文件，如图 2-62 所示。

图 2-61

图 2-62

5. 导出项目

STEP **01** 设置完成后，按 Ctrl+M 组合键，在弹出的"导出设置"对话框中设置导出文件参数，如图 2-63 所示。

STEP **02** 单击"确定"按钮，即可对当前项目进行输出，如图 2-64 所示。

图 2-63

图 2-64

2.2　在时间线上剪辑素材

在"时间线"面板中剪辑素材会使用到很多工具。4种剪辑片段工具,分别是"轨道选择"工具、"滑动"工具、"错落"工具和"滚动"工具,还有一些特殊效果和编组整理命令,下面详细介绍如何使用这些工具。

2.2.1　"选择"工具和"轨道选择"工具

"选择"工具 （快捷键 V 键）和"轨道选择"工具 （快捷键 A 键）都是调整素材片段在轨道中的位置的工具,但是"轨道选择"工具可以选中同一轨道单击的素材以及后面的素材。

选择"选择轨道"工具 ,在"时间线"面板中找到需要移动的素材。单击时间线右边的素材,拖动素材时只有右边一个单独素材被执行操作,如图2-65所示。当单击时间线左边的素材后,两个素材会同时被选中,同时被执行操作,如图2-66所示。

图 2-65

图 2-66

2.2.2　"剃刀"工具

"剃刀"工具 （快捷键 C 键）,单击"剃刀"工具后单击"时间线"面板中的素材片段,素材会被裁切成两段,单击哪里就从哪里裁切开,当裁切点靠近时间标记 的时候,裁切点会被吸到时间标记 所在的地方,素材会从时间标记 处裁切开。

在"时间线"面板当我们拖动时间标记 到想要裁切的地方时,按 CTRL+K 组合键,就可以在时间标记 所在位置把素材裁切开,如图2-67所示。

图 2-67

2.2.3 "错落"工具

"错落"工具 (快捷键 Y 键)，将"错落"工具放在轨道里的某个片段里面拖动，可以同时改变该片段的出点和入点，而片段长度不变，前提是出点后和入点前有必要的余量可供调节使用。同时相邻片段的出入点及影片长度不变。

该工具的操作方法和具体效果如下。

STEP 01 选择"错落"工具，在"时间线"面板中找到需要剪辑的素材。

STEP 02 将鼠标指针移动到片段上，指针呈黑色指针时，左右拖曳鼠标对素材进行修改，如图 2-68 所示。

STEP 03 在拖曳过程中，监视器窗口中将会依次显示上一片段的出点和后一片段的入点，同时显示画面帧数，如图 2-69 所示。

图 2-68

图 2-69

2.2.4 "滑动"工具

"滑动"工具 (快捷键 U 键) 和"错落"工具正好相反，把"滑动"工具放在轨道里的某个片段里面拖动，被拖动的片段的出入点和长度不变，而前一相邻片段的出点与后一相邻片段的入点随之发生变化，前提是前一相邻片段的出点后与后一相邻片段的入点前要有必要的余量可供调节使用。影片的长度不变。

该工具的操作方法和具体效果如下。

STEP 01 选择"滑动"工具，在"时间线"面板中找到需要剪辑的素材。

STEP 02 将鼠标指针移动到两个片段结合处，指针呈黑色指针时，左右拖曳鼠标对素材进行修改，如图 2-70 所示。

STEP 03 在拖曳过程中，监视器窗口将显示被调整片段的出点与入点以及未被编辑的出点与入点，如图 2-71 所示。

图 2-70　　　　　　　　　　　　　　　　图 2-71

2.2.5　"滚动编辑"工具

"滚动编辑"工具（快捷键N），用该工具改变某片段的入点或出点，相邻素材的出点或入点也相应改变，使影片的总长度不变。

选择"滚动编辑"工具，将鼠标指针放到"时间线"面板轨道里其中一个片段的开始处，当鼠标指针变成红色的两条竖线条的时候，如图2-72、图2-73所示，按下鼠标左键向左拖动可以使入点提前，从而使得该片段增长，同时前一相邻片段的出点相应提前，长度缩短，前提是被拖动的片段入点前面必须有余量可供调节。按下鼠标左键向右拖动可以使入点拖后，从而使得该片段缩短，同时前一片段的出点相应拖后，长度增加，前提是前一相邻片段出点后面必须有余量可供调节。双击红色竖线时，"节目监视器"面板会弹出详细的修整面板，可以在此进行细调。

图 2-72　　　　　　　　　　　　　　　　图 2-73

利用"滚动编辑"工具剪辑素材时，可以调整素材的进入端和输出端。下面将通过案例向读者介绍使用"滚动编辑"工具编辑素材的操作方法。

1. 新建项目和序列

STEP 01 新建项目，在弹出的"新建项目"对话框中设置名称、保存位置等参数，如图2-74所示。

STEP **02** 在弹出的"新建序列"对话框中设置项目序列参数，如图 2-75 所示。

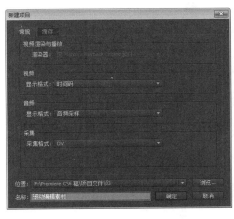

图 2-74

图 2-75

2. 导入素材并插入"时间线"面板

STEP **01** 在"项目"面板中双击，在弹出的素材文件夹中选择所需的"07.jpg""08.jpg"视频素材，如图 2-76 所示。

STEP **02** 单击"打开"按钮，即可将素材导入到"项目"面板中，如图 2-77 所示。

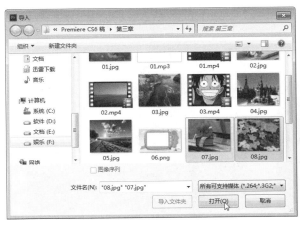

图 2-76

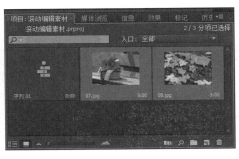

图 2-77

STEP **03** 将"项目"面板中的素材插入"时间线"面板中，如图 2-78 所示。

STEP **04** 完成操作后即可在"节目监视器"面板中预览效果，如图 2-79 所示。

图 2-78   图 2-79

3. 用"滚动编辑"工具编辑素材

STEP **01** 在"工具"面板中选择"滚动编辑"工具，如图 2-80 所示。

STEP **02** 将鼠标指针移到两个素材之间，当鼠标指针变成滚动编辑图标时，单击鼠标左键并向右拖曳，如图 2-81 所示。

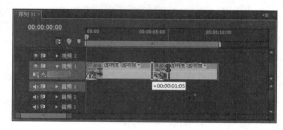

图 2-80   图 2-81

STEP **03** 拖到合适位置后释放鼠标，轨道上的其他素材也发生变化，如图 2-82 所示。

STEP **04** 拖动过程中可在"节目监视器"面板中预览效果，如图 2-83 所示。

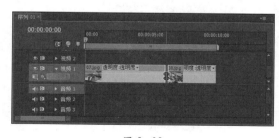

图 2-82   图 2-83

4. 预览效果并保存项目

STEP **01** 完成上述操作后，即可在"节目监视器"面板中预览效果，如图 2-84 所示。

STEP **02** 执行"文件 > 保存"命令，即可保存项目文件，如图 2-85 所示。

图 2-84   图 2-85

2.2.6 "速率伸缩"工具

"速率伸缩"工具（快捷键 X），使用"速率伸缩"工具拖拉轨道里片段的头尾时，会使得该片段在出点和入点不变的情况下加快或减慢播放速度，从而缩短或增加时间长度。

选择"速率伸缩"工具，将鼠标指针放到"时间线"面板轨道里其中一个片段的开始或者结尾处，当鼠标指针变成黑色 S 形双箭头与红色中括号的组合图标时，按下鼠标左键向右或者向左拖动可以使该片段缩短或者延长，入点、出点不变，当片段缩短时播放速度加快，片段延长时播放速度变慢，如图 2-86、图 2-87 所示。

图 2-86   图 2-87

在片段播放速度控制上，更精确的方法是选中轨道里的其中一段素材后，右击，在弹出的快捷菜单中选择"速度 / 持续时间"命令，在弹出的"素材速度 / 持续时间"对话框中进行调节，如图 2-88、图 2-89 所示。

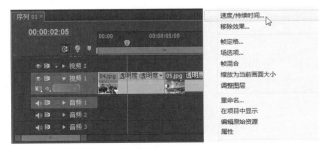

图 2-88   图 2-89

Adobe Premiere Pro CS6
影视编辑设计与制作案例技能实训教程

CHAPTER 01

CHAPTER 02

CHAPTER 03

CHAPTER 04

CHAPTER 05

"素材速度 / 持续时间"对话框中各主要选项的含义如下。

- "速度"选项可以调整片段播放速度，100% 的速度值时片段播放速度正常，小于 100 为减速，大于 100 为加速。
- "持续时间"选项可以确定片段在轨道中的持续时间，调整数值后，持续时间长度比原片段时间短，播放速度加快；持续时间长度比原片段时间长，播放速度减慢。
- 选中"倒放速度"复选框时，片段内容将反向播放。
- 选中"保持音调不变"复选框时，片段的音频播放速度将保持不变。
- 选中"波纹编辑，移动后面的素材"复选框时，片段加速导致的空隙会被自动填补上。

2.2.7　帧定格

将视频中的某一帧，以静帧的方式显示，被冻结的静帧可以是片段的入点或出点。下面将对帧定格的操作方法进行介绍。

STEP 01 在"时间线"面板中选择其中一个片段，将时间标记移动到需要冻结的那帧画面上，使用"剃刀"工具从需要冻结的那帧画面上裁切，如图 2-90 所示。

STEP 02 选中片段，在菜单栏中选择"素材 > 视频选项 > 帧定格"命令，也可以在"时间线"面板中右击选中的片段，在弹出的快捷菜单中选择"帧定格"命令，弹出"帧定格选项"对话框，如图 2-91 所示。

图 2-90

图 2-91

知识点

"帧定格选项"对话框中各选项的含义如下。

"定格在"选项有三个选项可选，"入点""出点"和"标记"。选择"入点"则片段成为入点那一帧的静帧显示，选择"出点""标记"同样。

"定格滤镜"选项使静帧显示时画面保持使用滤镜后的效果。

2.2.8　帧混合

"帧混合"命令主要用于融合帧与帧之间的画面，使之过渡更加平滑。当素材的帧速率与序列的帧速率不同时，Premiere Pro 会自动补充缺少的帧或跳跃播放，但在播放时会产生画面抖动，如果使用帧混合命令，即可消除这种抖动。当用户改变速度时利用"帧混合"命令可以减轻画面抖动，但为此付出的代价是输出时间会增多。

通过右键菜单，用户即可选择"帧混合"命令，如图 2-92 所示。

图 2-92

2.2.9　复制 / 粘贴素材

"复制""剪切"和"粘贴"在 Windows 中是常用的命令，其快捷键剪切是 Ctrl+X，复制是 Ctrl+C，粘贴是 Ctrl+V，在 Premiere Pro 中也有同样的命令。

在"时间线"面板中，选中需要执行"粘贴"命令的素材，复制素材（快捷键 Ctrl+C），移动时间标记到执行"粘贴"命令的位置，在菜单栏中选择"编辑 > 粘贴插入"命令（快捷键 Ctrl+Shift+V），复制的素材被粘贴到时间标记的位置，时间标记后面的素材向后移动，如图 2-93 所示。如果执行的是"粘贴"命令（快捷键 Ctrl+V），时间标记后面的素材不会向后移动，将会被覆盖，如图 2-94 所示。

图 2-93

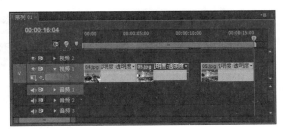

图 2-94

2.2.10　删除素材

在"时间线"面板中，如果不再想使用某些素材可以进行删除。从"时间线"面板删除的素材并不会在"项目"面板中删除。

有两种删除方式，即"删除"和"波纹删除"。在"时间线"面板中使用"删除"命令（快捷键 Delete）删除素材后，"时间线"面板的轨道上会留下该素材的空位，如图 2-95 所示。当使用"波纹删除"命令后，后面的素材会覆盖被删除素材留下的空位，如图 2-96 所示。

图 2-95

图 2-96

2.2.11　场的设置

在使用视频素材时，会遇到交错视频场的问题，这会严重影响最后的合成质量。场是因隔行扫描系统而产生的，两场为一帧，根据视频格式、采集和回放设备不同，场的优先顺序是不同的。如果场序反转，运动会僵持和闪烁。在剪辑中，改变片段速度、输出胶片带、反向播放片段或冻结视频帧，都有可能遇到场处理问题，我们需要正确地处理场设置来保证影片。

在"时间线"面板的素材上右击，弹出快捷菜单，选择"场选项"命令，弹出"场选项"对话框，如图 2-97、图 2-98 所示。

图 2-97

图 2-98

其中，各选项的含义介绍如下。

- "交换场序"选项：若素材场序与视频采集卡顺序相反，则选中此选项。
- "无"选项：表示不处理素材。
- "交错相邻帧"选项，表示将非交错场转换为交错场。
- "总是反交错"选项，表示将交错场转换为非交错场。
- "消除闪烁"选项，表示该选项用于消除细水平线的闪烁。

2.2.12　分离/链接视音频

分离/链接视频和音频可以把视频和音频分离开单独操作，也可以链接在一起成组操作。

分离素材时，首先在"时间线"面板中选中需要视频分离的素材，右击，在弹出的快捷菜单中选择"解除视音频链接"命令，如图 2-99 所示，随后即可分离素材的视频和音频部分。

　　链接素材也很简单，即在"时间线"面板中选中需要进行链接的视频和音频素材，右击，在弹出的快捷菜单中选择"链接视频和音频"命令，如图 2-100 所示，这样视频素材和音频素材就链接在一起了。

图 2-99　　　　　　　　　　　　　　　图 2-100

2.3　在"项目"面板创建素材

　　在剪辑时，用户除了可以通过导入和采集来获取素材外，还可以在"项目"面板中创建素材，这几类素材主要是"色条和色调""黑色视频""颜色遮罩""调整图层"和"倒计时向导"，本节将详细介绍几种素材的使用方法。

1．色条和色调

　　在"项目"面板下方单击"新建分项"按钮，也可以在"项目"面板空白处右击，在弹出的快捷菜单中选择"新建项目 > 色条和色调"命令，就可以创建色条和色调，如图 2-101 所示。创建出的色条和色调素材同时也带有声音素材，如图 2-102 所示。

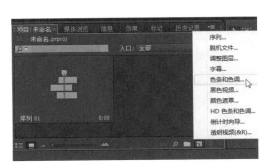 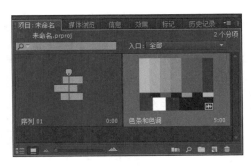

图 2-101　　　　　　　　　　　　　　　图 2-102

2．黑场

　　在"项目"面板下方单击"新建分项"按钮，也可以在"项目"面板空白处右击，在弹出的快捷菜单中选择"新建项目 > 黑色视频"命令，就可以创建出黑场素材，如图 2-103、图 2-104 所示。需要说明的是，黑场素材可以进行透明度调整。

图 2-103　　　　　　　　　　　图 2-104

3. 颜色遮罩

Premiere Pro 可以为影片创建颜色蒙版，具体操作如下所示。

STEP 01 在"项目"面板下方单击"新建分项"按钮 ，也可以在"项目"面板空白处右击，在弹出的快捷菜单中选择"新建项目 > 颜色遮罩"命令，如图 2-105 所示。

STEP 02 在弹出的"新建彩色蒙版"对话框中设置参数，如图 2-106 所示。

图 2-105　　　　　　　　　　　图 2-106

STEP 03 单击"确定"按钮后，弹出"颜色拾取"对话框，如图 2-107 所示。

STEP 04 选定颜色后再输入名称，即可新建彩色遮罩，如图 2-108 所示。

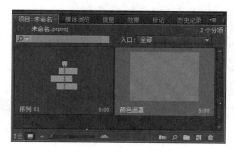

图 2-107　　　　　　　　　　　图 2-108

4. 调整图层

调整图层是一个透明的图层，它能应用特效到一系列的影片剪辑中而无须重复地复制和粘贴属性。只要应用一个特效到调整图层轨道上，特效结果将自动出现在下面的所有视频轨道中。

在"项目"面板下方单击"新建分项"按钮 ，也可以在"项目"面板空白处右击，在弹出的快捷菜单中选择"新建项目>调整图层"命令，就可以创建出调整图层，如图2-109、图2-110 所示。

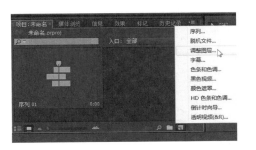

图 2-109

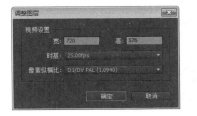

图 2-110

5. 倒计时导向

倒计时导向常用于影片开始前的倒计时准备。在"项目"面板下方单击"新建分项"按钮，在弹出的快捷菜单中选择"倒计时向导"命令，如图2-111 所示；在弹出的"新建倒计时片头"对话框中单击"确定"按钮，弹出"倒计时向导设置"对话框，从中设置相应参数，如图2-112 所示。

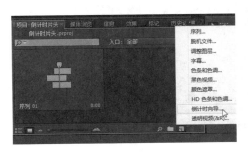

图 2-111

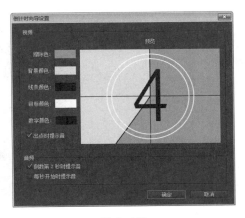

图 2-112

其中，各选项的含义介绍如下。

● "擦除色"选项，表示擦除的颜色，用户可以为圆形擦除区域选择颜色。

● "背景颜色"选项，表示背景的颜色，用户可以为擦除颜色后的区域选择颜色。

● "线条颜色"选项，表示指示线的颜色，用户可以为水平和垂直线条选择颜色。

● "目标颜色"选项，表示准星颜色，用户可以为数字周围的双圆形选择颜色。

● "数字颜色"选项，表示数字颜色，用户可以为倒数数字选择颜色。

● "出点时提示音"选项，表示结束提示标志，选中该项后将在结束时播放提示音。

● "倒数第2秒时提示音"选项，若选中该项，则在2数字处播放提示音。

● "每秒开始时提示音"选项，若选中该项，则在每秒开始时播放提示音。

【自己练】

项目练习　制作铃声

📺 项目背景

铃声制作往往采用音频的高潮部分，通过对一首完整音频的高潮部分进行截取，参数设置，能制作出效果绝佳的铃声。

📺 项目要求

铃声制作存在时间限制的特性，因此制作铃声时，需要从整段音乐中进行选择，截取音乐的高潮部分，并实现独特的播放效果。

📺 项目分析

使用出入点工具对素材进行标记；使用"剃刀"工具对多余素材进行裁剪。

📺 项目效果

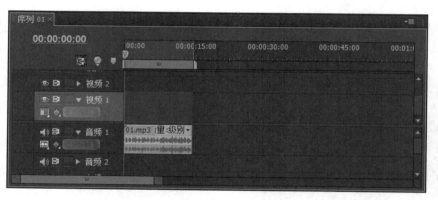

📺 课时安排

2 课时。

第3章

制作短片字幕
——字幕设计详解

本章概述：

　　一般在一个完整的影视节目中，字幕和声音一样都是必不可少的。而字幕可帮助影片更全面地展现其信息内容，起到解释画面、补充内容等作用。字幕的设计主要包括添加字幕、提示文字、标题文字等信息表现元素。本章主要介绍如何通过字幕设计器面板中提供的各种文字编辑、属性设置以及绘图功能进行字幕的编辑。

要点难点：

字幕的创建　★☆☆
字幕设计面板的认识　★★☆
为字幕添加艺术效果　★★★

案例预览：

制作淡入淡出字幕展示

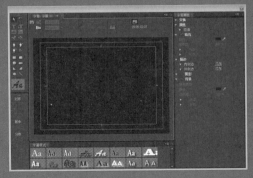

字幕设计面板

【跟我学】 制作淡入淡出字幕效果

🖥 作品描述：

普通的直线型排列字幕，能够为观众带来很好的视觉感受，但是在某些情况下，通过淡入淡出展示，效果更佳。下面将通过实例操作，向读者介绍淡入淡出字幕效果的制作方法。

1．新建项目和序列

STEP 01 新建项目，在弹出的"新建项目"对话框中设置名称、保存位置等参数，如图 3-1 所示。

STEP 02 在弹出的"新建序列"对话框中设置项目序列参数，如图 3-2 所示。

图 3-1

图 3-2

2．导入素材并插入"时间线"面板

STEP 01 在"项目"面板中双击，在弹出的素材文件夹中选择所需的"14.jpg"图片素材，如图 3-3 所示。

STEP 02 单击"打开"按钮，即可将素材导入到"项目"面板中，如图 3-4 所示。

STEP 03 将"项目"面板中的图像素材插入到"时间线"面板中，如图 3-5 所示。

STEP 04 打开"节目监视器"面板，在该面板中浏览图像素材，如图 3-6 所示。

图 3-3

图 3-4

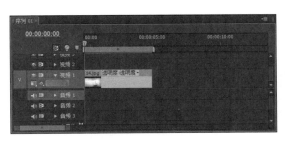

图 3-5

图 3-6

3．设置素材属性

STEP 01 选择"14.jpg"素材，在"特效控制台"面板中设置"缩放"属性，如图 3-7 所示。

STEP 02 完成设置后在"节目监视器"面板中预览效果，如图 3-8 所示。

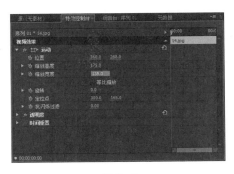

图 3-7

图 3-8

4．新建字幕

STEP 01 在"项目"面板的工具栏中单击"新建分项"按钮，在弹出的快捷菜单中执行"字幕"命令，如图 3-9 所示。

STEP 02 在打开的"新建字幕"对话框中，设置字幕的"宽""高""像素纵横比"等参数，如图 3-10 所示。

图 3-9   图 3-10

5. 输入文字并设置属性

STEP 01 在"字幕"面板的工具栏中选择"区域文字"工具 ，如图 3-11 所示。

STEP 02 在字幕设计区创建一个文字区域，如图 3-12 所示。

图 3-11   图 3-12

STEP 03 输入文字，如图 3-13 所示。

STEP 04 打开"字幕属性"面板，设置"属性"和"填充"参数，如图 3-14 所示。

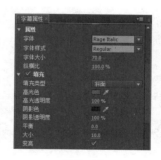

图 3-13   图 3-14

6. 设置字幕属性

STEP 01 完成设置后在字幕设计区预览字幕效果，如图 3-15 所示。

STEP 02 在"字幕属性"面板中，选中"阴影"复选框并设置参数，如图 3-16 所示。

STEP 03 完成设置后在字幕设计区预览字幕效果，如图 3-17 所示。

STEP 04 设置字幕的"变换"参数，如图 3-18 所示。

图 3-15

图 3-16

图 3-17

图 3-18

7. 插入字幕

STEP 01 设置完成后，关闭字幕设计面板，将制作的字幕插入到"时间线"面板中，如图 3-19 所示。

STEP 02 在"节目监视器"面板中预览字幕效果，如图 3-20 所示。

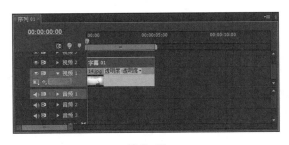

图 3-19

图 3-20

8. 制作淡入淡出效果

STEP 01 将时间指示器拖至开始处，选择"字幕 01"素材，打开"特效控制台"面板，给"透明度"添加第一个关键帧，参数为 0，如图 3-21 所示。

STEP 02 用同样的方法在 00:00:02:00 处添加第二个关键帧，设置"透明度"为 100%，如图 3-22 所示。

图 3—21   图 3—22

STEP 03 用同样的方法在 00:00:04:00 处添加第三个关键帧，设置"透明度"为 100%，如图 3-23 所示。

STEP 04 用同样的方法在 00:00:05:00 处添加第四个关键帧，设置"透明度"为 0，如图 3-24 所示。

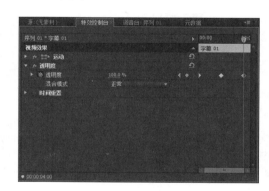

图 3—23   图 3—24

9. 预览效果并保存项目

STEP 01 完成上述操作后，即可在"节目监视器"面板中预览效果，如图 3-25 所示。

STEP 02 执行"文件 > 保存"命令，即可保存项目文件，如图 3-26 所示。

图 3—25   图 3—26

【听我讲】

3.1 字幕的创建

在编辑影视作品之前，字幕的创建是必学的知识，并且是基础的操作技能，在深入学习字幕的制作与处理之前，先来了解一下字幕的种类，以及字幕的基本创建方法。

3.1.1 字幕的种类

在 Premiere Pro 中，字幕分为 3 种类型，即默认静态字幕、默认滚动字幕及默认游动字幕。字幕在被创建之后可在这 3 种类型之间随意转换。

1．默认静态字幕

默认静态字幕是指在默认状态下停留在画面指定位置不动的字幕。对于该类型字幕，若要使其在画面中产生移动效果，则必须为其设置"位置"关键帧。默认静态字幕在系统默认状态下是位于创建位置静止不动，如图 3-27 所示。用户可以在其"特效控制台"面板中制作"位移""缩放""旋转""透明度"关键帧动画。

图 3-27

2．默认滚动字幕

默认滚动字幕在被创建之后，其默认的状态即为在画面中从下到上的垂直运动，运动速度取决于该字幕文件持续时间的长度。默认滚动字幕不需要设置关键帧动画，除非用户需要更改其运动状态。默认滚动字幕的运动效果如图 3-28、图 3-29 所示。

3．默认游动字幕

默认游动字幕在被创建之后，其默认状态就具有沿画面水平方向运动的特性。其运动方向可以是从左至右，也可以是从右至左，运动方向从右至左的效果如图 3-30、图 3-31所示。默认状态为水平方向运动，用户可根据视频编辑需求更改字幕运动状态，制作位移、缩放等关键帧动画。

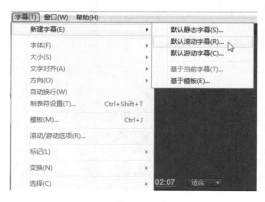

图 3-28

图 3-29

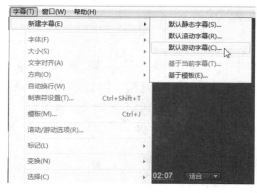

图 3-30

图 3-31

3.1.2 新建字幕的方法

在 Premiere Pro 中，创建字幕有很多种方法，比如通过"字幕"菜单创建、通过"文件"菜单创建，以及使用快捷键创建等多种方法，用户可根据自身的操作习惯选择适合的创建方法。

1．通过"字幕"菜单创建字幕

通过 Premiere Pro 的"字幕"菜单创建字幕是最常用的方法。执行"字幕＞新建字幕"命令下的子菜单命令，即可新建一个字幕文件，如图 3-32 所示。

在"新建字幕"的子菜单中，列出了 Premiere Pro 自带的几种字幕种类，并且还提供了可创建的基于模板的字幕。

2．通过"文件"菜单创建字幕

Premiere 的"文件"菜单包含了众多的

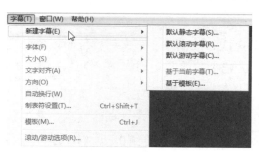

图 3-32

命令，包括新建对象类型命令等。通过执行"文件"菜单栏中的新建字幕命令（如图3-33所示），打开"新建字幕"对话框，从中进行相应的设置，创建字幕（如图3-34所示）。

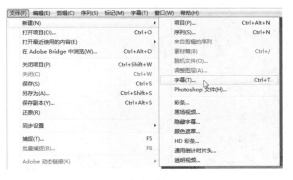
图 3-33

图 3-34

3．通过"项目"面板创建字幕

"项目"面板主要用于放置素材文件和新建系统预设素材。字幕作为Premiere Pro预设新建类别，同样可通过该面板创建。

在"项目"面板的工具栏中单击"新建分项"按钮，在弹出的快捷菜单中选择"字幕"命令，如图3-35所示，即可创建一个默认静态字幕，效果如图3-36所示。

图 3-35

图 3-36

3.2　字幕设计面板

在认识了字幕类型之后，下面将为读者介绍字幕设计面板的知识。在"新建字幕"对话框中设置字幕参数后，即可打开字幕设计面板，该面板如图3-37所示。

字幕设计面板由字幕工具、"字幕动作"、字幕设计区、"字幕样式"及"字幕属性"5个面板组成。

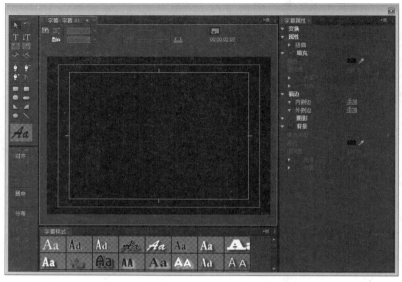

图 3—37

3.2.1 "字幕工具"面板

"字幕工具"面板中存放着用于创建、编辑文字的工具，使用这些工具可创建和编辑文字文本、绘制和编辑几何图形，如图 3-38 所示。

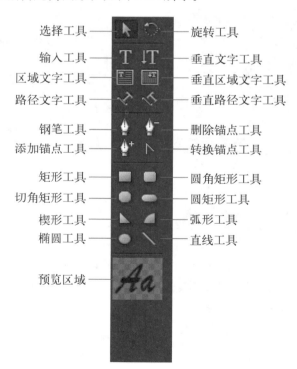

选择工具 ──		── 旋转工具
输入工具 ──		── 垂直文字工具
区域文字工具 ──		── 垂直区域文字工具
路径文字工具 ──		── 垂直路径文字工具
钢笔工具 ──		── 删除锚点工具
添加锚点工具 ──		── 转换锚点工具
矩形工具 ──		── 圆角矩形工具
切角矩形工具 ──		── 圆矩形工具
楔形工具 ──		── 弧形工具
椭圆工具 ──		── 直线工具
预览区域 ──		

图 3—38

其中，各工具的用途如下。

- "选择"工具：该工具用于选择和移动文字文本或者图像。该工具的快捷键为 V 键。
- "旋转"工具：该工具用于对文字文本进行旋转操作。该工具的快捷键为 O 键。
- "输入"工具：该工具用于输入水平排列的文字。该工具的快捷键为 T 键。
- "垂直文字"工具：该工具用于输入垂直排列的文字。该工具的快捷键为 C 键。
- "路径文字"工具：该工具用于绘制路径，以便在路径上创建垂直于路径的文字。
- "垂直路径文字"工具：该工具用于绘制路径，以便创建平行于路径的文字。
- "区域文字"工具：该工具用于创建框选区域的水平文字。
- "垂直区域文字"工具：该工具用于创建框选区域的垂直文字。
- "钢笔"工具：该工具用于绘制路径，并且配合使用快捷键 Alt 键和 Ctrl 键，可以对创建的路径进行调整。
- "添加锚点"工具：该工具用于在路径上添加定位点。
- "删除锚点"工具：该工具用于删除路径上选择的定位点。
- "转换锚点"工具：该工具用于转换路径夹角为贝塞尔曲线，或者将贝塞尔曲线转换为路径夹角。
- "矩形"工具：该工具用于在字幕设计区中绘制方形的图形。其快捷键为 R 键。
- "切角矩形"工具：该工具用于绘制切角矩形形状的图形。
- "圆角矩形"工具：该工具用于绘制圆角矩形形状的图形。
- "圆矩形"工具：该工具用于绘制圆矩形形状的图形。
- "楔形"工具：该工具用于绘制三角形形状的图形。
- "弧形"工具：该工具用于绘制扇形形状的图形。其快捷键为 W 键。
- "椭圆"工具：该工具用于绘制椭圆形形状的图形。其快捷键为 E 键。
- "直线"工具：该工具用于绘制直线图形。其快捷键为 L 键。

3.2.2 "字幕属性"面板

"字幕属性"面板位于"字幕设计器"面板的右侧，在该面板中可设置字体或者图形的相关参数，如图 3-39 所示。

"字幕属性"面板可以分为"变换""属性""填充""描边""阴影"及"背景"6 个部分。每个部分包含的参数都比较多，通过设置参数可以调节文字或图形的样式及效果等。

图 3-39

1. "变换"卷展栏

"变换"卷展栏主要用于设置字幕的透明度、X 轴和 Y 轴向上的位移参数及字幕的宽度和高度属性。

- "透明度"：该参数用于设置字幕的不透明度。取值范围为 0 ~ 100，默认参数为 100，表示字幕完全不透明。透明度为 100% 和 50% 的对比效果如图 3-40 所示。

图 3-40

- "X 轴、Y 轴位置"：用于设置字幕在字幕设计区中的位移参数。设置不同的 X 轴、Y 轴位置参数时，字幕对比效果如图 3-41、图 3-42 所示。

图 3-41   图 3-42

- "宽 / 高"：用于控制字幕的宽度和高度。

2. "属性"卷展栏

"属性"卷展栏用于设置字幕文字的大小、字体类型、字间距、行间距、倾斜、扭曲等属性。该卷展栏中的参数如图 3-43 所示。

图 3-43

- "字体"选项：该选项用于设置字幕字体的类型。单击该选项右侧的下拉按钮，在弹出的下拉列表中为选择的字幕替换字体类型。
- "字体样式"选项：在设置字体类型之后，在该选项中可以设置字体的具体样式。不过大多数字体类型所包含的字体样式都较少，有的只含有一种字体样式，因此该选项使用较少。
- "字体大小"选项：该参数用于设置被选择文字字号的大小，参数值越大，字也就越大。
- "字符间距"选项：该参数用于调整字幕文字间的间距。默认参数为0，值越大，文字之间的间距越大。
- "倾斜"选项：该参数用于设置字幕的倾斜程度。该参数可以为正数，也可以为负数。为正数时，文字向右侧倾斜。

3．"填充"卷展栏

"填充"卷展栏主要用于设置字幕的填充类型、颜色，是否启用纹理填充，纹理填充的类型，纹理的混合、对齐、缩放等参数。"填充"卷展栏如图3-44所示。

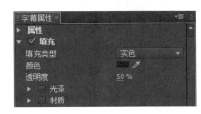

图 3-44

- "填充类型"选项：单击该选项后的下拉按钮，在弹出的下拉列表中选择需要的填充类型。
- "颜色"选项：用于设置填充的颜色。不同的填充类型，其填充颜色的设置也不一定相同。

4．"阴影"卷展栏

"阴影"卷展栏用于为字幕添加阴影效果，包含"颜色""透明度""角度""距离""大小"等参数。该卷展栏如图3-45所示。

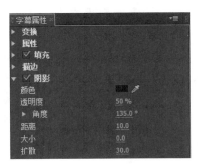

图 3-45

- "颜色"选项：用于设置字幕阴影的颜色，单击选项后的色块，在弹出的"颜色拾取"对话框中设置颜色参数来控制阴影颜色效果。不同阴影颜色的对比效果如图 3-46、图 3-47 所示。

图 3-46　　　　　　　　　　　　图 3-47

- "距离"：该参数用于设置字幕阴影与字幕文字之间的距离，参数值越大，阴影与字幕之间的距离越大。如图 3-48、图 3-49 所示的距离参数值分别为 10 与 20。

图 3-48　　　　　　　　　　　　图 3-49

3.2.3　"字幕动作"面板

　　"字幕动作"面板是在 Premiere Pro 2.0 版本时才新增的工具面板，在 Premiere Pro 中，依然沿用了该面板，面板中各个按钮主要用于快速排列或者分布文字。"字幕动作"面板如图 3-50 所示。

- "水平靠左对齐"　：该工具用于以选中文字的左水平线为基准对齐。
- "水平居中对齐"　：该工具用于以选中文字的中心线为基准对齐。
- "水平靠右对齐"　：该工具用于以选中文字的右水平线为基准对齐。
- "垂直靠上对齐"　：该工具用于以选中文字的顶部水平线为基准对齐。
- "垂直居中对齐"　：该工具用于以选中文字的水平中心线为基准对齐。
- "垂直靠下对齐"　：该工具用于以选中文字的底部水平线为基准对齐。

- "水平居中"：该工具用于将选中文字移动到设计区水平方向的中心。
- "垂直居中"：该工具用于将选中文字移动到设计区垂直方向的中心。
- "水平靠左分布"：该工具用于以选中文字的左垂直线为基准分布文字。
- "垂直靠上分布"：该工具用于以选中文字的顶部线为基准分布文字。
- "水平居中分布"：该工具用于以选中文字的垂直中心为基准分布文字。
- "垂直居中分布"：该工具用于以选中文字的中心线为基准分布文字。
- "水平靠右分布"：该工具用于以选中文字的右垂直线为基准分布文字。

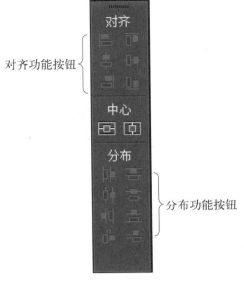

图 3-50

- "垂直靠下分布 "：该工具用于以选中文字的底部线为基准分布文字。
- "水平等距间隔 "：该工具用于以字幕设计区垂直中心线为基准分布文字。
- "垂直等距间隔 "：该工具用于以字幕设计区水平中心线为基准分布文字。

3.2.4 "字幕设计区"面板

在"字幕设计区"面板中，选择需要替换的文字后，在该面板上部的工具栏中单击"字体类型"下拉按钮，在弹出的字体类型下拉列表中为选中的文字选择一种字体，如图 3-51 所示，即可为文字替换字体类型，效果如图 3-52 所示。

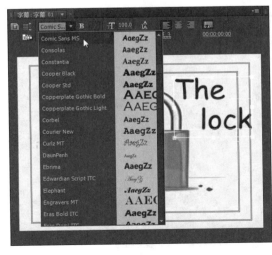

图 3-51

图 3-52

3.2.5 "字幕样式"面板

"字幕样式"面板位于"字幕设计区"面板的中下部。该面板中预设了多种字体样式，选择某一字体样式后输入文字，即可创建带有所选预设字体效果的文字。"字幕样式"面板如图 3-53 所示。

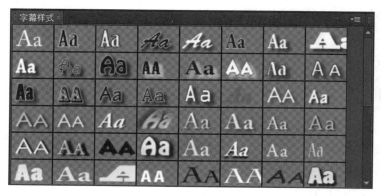

图 3-53

普通的直线型排列字幕，能够为观众带来严肃、正式的视觉感受，但是在某些情况下需要使用路径字幕表现柔美效果。下面将通过实例向读者介绍路径字幕的制作方法。

1. 新建项目和序列

STEP 01 新建项目，在弹出的"新建项目"对话框中设置名称、保存位置等参数，如图 3-54 所示。

STEP 02 在弹出的"新建序列"对话框中设置项目序列参数，如图 3-55 所示。

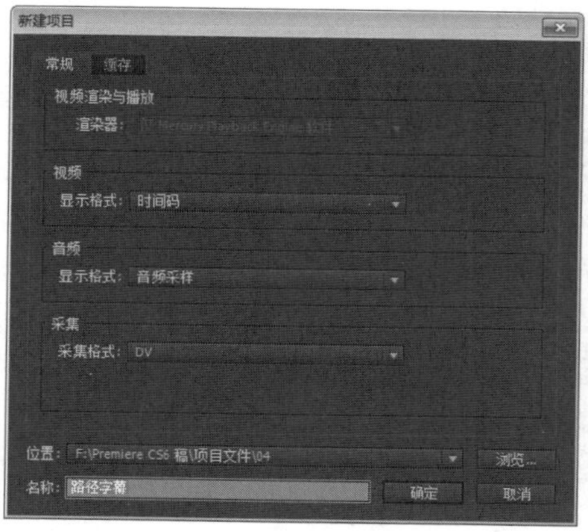

图 3-54

图 3-55

2．导入素材并插入"时间线"面板

STEP 01　在"项目"面板中双击，在弹出的素材文件夹中选择所需的"10.jpg"图片素材，如图 3-56 所示。

STEP 02　单击"打开"按钮，即可将素材导入到"项目"面板中，如图 3-57 所示。

图 3-56

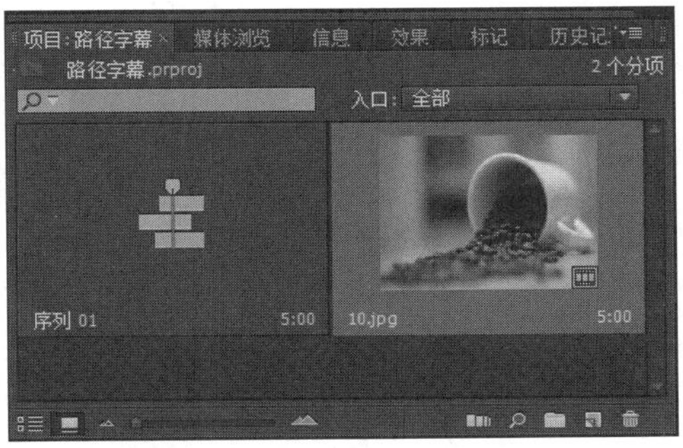

图 3-57

STEP 03　将"项目"面板中的图像素材插入到"时间线"面板中，如图 3-58 所示。

STEP 04　打开"节目监视器"面板，在该面板中浏览图像素材，如图 3-59 所示。

图 3-58

图 3-59

3．新建字幕

STEP 01　在"项目"面板的工具栏中单击"新建分项"按钮，在弹出的下拉菜单中执行"字幕"命令，如图 3-60 所示。

STEP 02　在打开的"新建字幕"对话框中，设置字幕的"宽""高""像素纵横比"等参数，如图 3-61 所示。

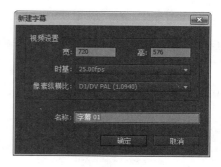

图 3-60　　　　　　　　　　　　图 3-61

4．创建路径

STEP 01 在"字幕工具"面板中选择"垂直路径文字"工具，如图 3-62 所示。

STEP 02 在字幕设计区中，通过在左侧和右侧依次单击鼠标左键，创建一个直线路径，效果如图 3-63 所示。

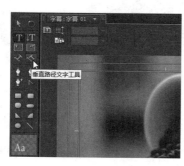

图 3-62　　　　　　　　　　　　图 3-63

5．编辑路径

STEP 01 在"字幕工具"面板中选择"添加描点"工具，在字幕设计区中添加定位点，如图 3-64 所示。

STEP 02 在添加控制定位点之后，在"字幕工具"面板中选择"转换描点"工具，对路径进行调整，完成后的路径效果如图 3-65 所示。

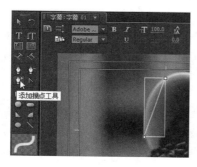

图 3-64　　　　　　　　　　　　图 3-65

6. 输入文字并设置字体属性

STEP 01 在"字幕工具"面板中选择"垂直路径文字"工具 ，进入文本输入状态后，输入文本"醇香咖啡"，如图3-66所示。

STEP 02 选中文本，在"字幕属性"面板中设置相关参数，如图3-67所示。

图3-66　　　　　　　　　　　　　图3-67

7. 添加阴影效果

STEP 01 在"字幕属性"面板中添加"阴影"效果，如图3-68所示。

STEP 02 完成上述操作后，即可在"字幕设计区"观看字幕效果，如图3-69所示。

图3-68　　　　　　　　　　　　　图3-69

8. 插入字幕

STEP 01 完成操作后即可预览字幕效果，如图3-70所示。

STEP 02 关闭字幕设计面板，将制作的字幕插入到"时间线"面板中，完成后的字幕效果如图3-71所示。

CHAPTER 01
CHAPTER 02
CHAPTER 03
CHAPTER 04
CHAPTER 05

图 3—70

图 3—71

9. 预览效果并保存项目

STEP 01 完成上述操作后，即可在"节目监视器"面板中预览效果，如图 3-72 所示。

STEP 02 执行"文件 > 保存"命令，即可保存项目文件，如图 3-73 所示。

图 3—72

图 3—73

3.3 为字幕添加艺术效果

字幕设计面板的功能非常强大，包含了几乎所有的文字编辑功能，如文字的输入、选择文字、设置文字的位置与尺寸，以及为字体添加颜色、描边、阴影、纹理、应用样式效果等，利用字幕设计面板中的命令与工具，能够制作出各种炫丽的字幕。

3.3.1 设置字体类型

在 Premiere Pro 中，为方便用户控制字幕字体样式或者方便用户制作出字体类型多元化的字幕效果，系统为用户提供了控制字幕字体类型的组件。

打开"字幕设计器"面板之后，在字幕设计区中输入字幕文字之后，通过以下两个途径，可设置字幕的字体类型。

1．"字幕设计器"面板

在"字幕设计器"面板中，选择需要替换的文字后，在该面板上部的工具栏中单击"字体类型"下拉按钮，在弹出的字体类型下拉列表中，为选中的文字选择一种字体，如图3-74所示，即可为文字替换字体类型，效果如图3-75所示。

2．"字幕属性"面板

"字幕属性"面板主要用于控制字幕的大小、阴影、描边等属性，当然也能控制文字字体类型属性。应用效果如图3-76所示。

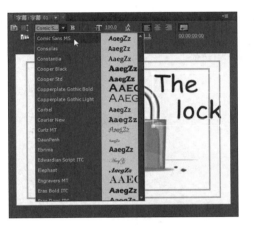

图 3—74

图 3—75

图 3—76

3.3.2　设置字体颜色

字幕字体的颜色是画面中重要的视觉元素，它决定了字体的表面颜色效果，对整个画面效果的影响非常大。若字幕的文字颜色与画面的整体色调不协调，会严重影响整个画面的美感。

在 Premiere Pro 中，所创建的字幕的颜色并不是一成不变的。在字幕设计区中选择字幕之后，在字幕设计面板右侧的"字幕属性"面板中，通过设置"填充"卷展栏中的"填充类型"和"颜色"参数，可以制作出多种视觉效果的字幕。

在"字幕属性"面板的"填充"卷展栏中，单击"填充类型"下拉按钮，即可打开字幕颜色填充的选择类型，如图 3-77 所示。

图 3-77

- "实色"选项：选择该类型，字幕将以单一颜色显示，用户可以通过设置不同的颜色来调整字幕的颜色。设置如图 3-78 所示的颜色参数，字幕效果如图 3-79 所示。

图 3-78

图 3-79

- "线性渐变"选项：选择该类型之后，"颜色"选项也会发生变化，由两种颜色控制字幕颜色渐变效果。设置如图 3-80 所示的颜色参数，字幕设计区中字幕效果如图 3-81 所示。

图 3-80

图 3-81

● "放射渐变"选项：选择该字幕颜色填充类型，通过设置字幕颜色，能制作出圆形渐变的字幕效果。设置如图 3-82 所示的参数，字幕效果如图 3-83 所示。

图 3-82 　　　　　　　　　　　　　　图 3-83

● "四色渐变"选项：选择该字幕颜色填充类型之后，"颜色"选项将变为四角可控制的控件，通过为四角设置不同的颜色参数，可制作出四种颜色相互渐变的字幕。设置如图 3-84 所示的参数，此时字幕效果如图 3-85 所示。

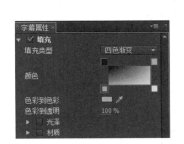 

图 3-84 　　　　　　　　　　　　　　图 3-85

● "斜面"选项：选择该字幕颜色填充类型，字幕文字部分会产生立体的浮雕效果。该填充类型常用于制作浮雕文字效果。设置如图 3-86 所示的参数，字幕效果如图 3-87 所示。

图 3-86 　　　　　　　　　　　　　　图 3-87

3.3.3 添加描边效果

描边效果即为沿着文字笔画的边缘，向内或者向外填充与字体本身颜色不同的颜色，作为文字的边缘。向内填充颜色叫作内描边；向外填充颜色叫作外描边。设置字幕文字描边效果的参数位于字幕设计面板左侧的"字幕属性"面板的"描边"卷展栏中，该卷展栏如图 3-88 所示。

图 3—88

在默认情况下，该卷展栏中只有"内侧边"和"外侧边"两个参数，并且这两个参数下没有子参数，如图 3-89 所示，表示当前字幕并没有应用描边效果。字幕效果如图 3-90 所示。

图 3—89

图 3—90

默认情况下字幕并没有描边参数，单击"添加"超链接即可为字幕添加一个描边效果，如图 3-91 所示；若在添加的描边参数后单击"删除"超链接，即可将当前的描边效果清除，如图 3-92 所示。

若要为字幕添加外描边效果，只需单击"外侧边"参数后的"添加"超链接，在添加的描边参数中设置描边的"大小""类型"等参数，控制外描边效果。设置如图 3-93 所示的参数，字幕外描边效果如图 3-94 所示。

图 3—91

图 3—92

图 3—93

图 3—94

　　在影视节目制作过程中，会根据不同的背景给字幕添加不同的效果。辉光效果是在字幕中经常使用的艺术效果，给人一种优美的感觉。下面将通过实例向读者介绍辉光字幕的制作方法。

1. 新建项目和序列

STEP 01 新建项目，在弹出的"新建项目"对话框中设置名称、保存位置等参数，如图 3-95 所示。

STEP 02 在弹出的"新建序列"对话框中设置项目序列参数，如图 3-96 所示。

图 3—95

图 3—96

2. 导入素材并插入"时间线"面板

STEP 01 在"项目"面板中双击,在弹出的素材文件夹中选择所需的"12.jpg"图片素材,如图 3-97 所示。

STEP 02 单击"打开"按钮,即可将素材导入到"项目"面板中,如图 3-98 所示。

图 3—97   图 3—98

STEP 03 将"项目"面板中的图像素材插入到"时间线"面板中,如图 3-99 所示。

STEP 04 打开"节目监视器"面板,在该面板中浏览图像素材,如图 3-100 所示。

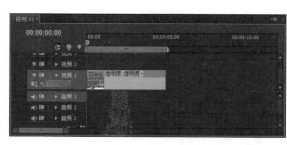

图 3—99   图 3—100

3. 新建字幕

STEP 01 在"项目"面板的工具栏中单击"新建分项"按钮,在弹出的快捷菜单中选择"字幕"命令,如图 3-101 所示。

STEP 02 在打开的"新建字幕"对话框中,设置字幕的"宽""高""像素纵横比"等参数,如图 3-102 所示。

4. 输入文字

STEP 01 在"字幕工具"面板中选择"输入"工具T,如图 3-103 所示。

STEP 02 进入文本输入状态后，输入文本 Merry Christmas，字幕效果如图 3-104 所示。

图 3-101

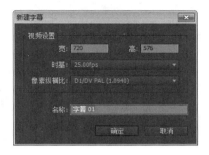

图 3-102

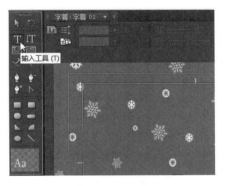

图 3-103

图 3-104

5．设置字幕属性

STEP 01 打开"字幕属性"面板，设置"变换"和"属性"相关参数，如图 3-105 所示。
STEP 02 设置完成后，在字幕设计区预览字幕效果，如图 3-106 所示。

图 3-105

图 3-106

6．设置填充属性

STEP 01 在"字幕属性"面板中展开"填充"卷展栏，设置相关属性参数，如图 3-107 所示。
STEP 02 设置完成后，在字幕设计区预览字幕效果，如图 3-108 所示。

图 3-107   图 3-108

7. 设置描边和阴影属性

STEP 01 在"字幕属性"面板中添加"外侧边"效果，设置相关属性参数，如图 3-109 所示。

STEP 02 选中"阴影"复选框，设置相关参数，如图 3-110 所示。

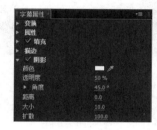

图 3-109   图 3-110

8. 插入字幕

STEP 01 设置完成后，在字幕设计区预览字幕效果，如图 3-111 所示。

STEP 02 关闭字幕设计面板，将制作的字幕插入到"时间线"面板中，如图 3-112 所示。

图 3-111   图 3-112

9．预览效果并保存项目

STEP 01 完成上述操作后，即可在"节目监视器"面板中预览效果，如图 3-113 所示。

STEP 02 执行"文件 > 保存"命令，即可保存项目文件，如图 3-114 所示。

图 3-113

图 3-114

3.3.4　使用字幕样式

在前面的小节中，已经介绍了字幕的创建、设置基本参数、添加各种艺术效果等的方法，但是调节如此多的参数来制作字幕效果比较烦琐，而"字幕样式"面板的应用将使字幕设计工作变得简单而轻松。

在"字幕样式"面板中，用户可以看到该面板中只是一些字体样式的缩略图，并没有其他的控制按钮，因此在这里有必要向读者介绍"字幕样式"面板中的各种命令以及为字幕应用样式的方法。

1．右击已有字幕样式

通过右击字幕样式可打开快捷菜单，如图 3-115 所示。

其中，右键菜单中各选项的含义介绍如下。

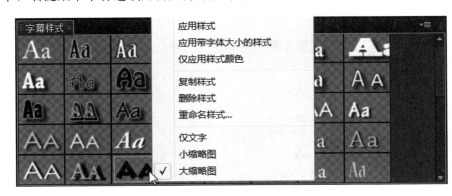

图 3-115

● "应用样式"选项：执行该命令，可将当前的字幕样式完全应用于字幕。

● "应用带字体大小的样式"选项：执行该命令，在应用当前字幕样式的同时，为字幕文字应用文字大小属性。

- "仅应用样式颜色"选项：执行该命令，仅将当前字幕样式的颜色应用于字幕，字幕样式的字体类型、字体大小等属性将不应用于字幕。
- "复制样式"选项：执行该命令，可对当前的样式进行复制。
- "删除样式"选项：执行该命令，即可将当前被选择的样式删除掉。
- "重命名样式"选项：执行该命令，即可在弹出的"重命名样式"对话框中重命名字幕样式。
- "仅文字"选项：执行该命令之后，"字幕样式"面板中的所有字幕样式以文本的样式显示。
- "小缩略图"选项：执行该命令以后，"字幕样式"面板中的所有字幕样式以小缩略图的方式显示。
- "大缩略图"选项：为方便用户预览"字幕样式"面板中的字幕样式，默认参数下，Premiere Pro 将字幕样式以大缩略图的方式显示。

操作技能

上述介绍的"仅文字""小缩略图""大缩略图"三个选项，并不能对"字幕样式"面板中的字幕样式产生质的影响，仅仅是控制样式在该面板中的显示效果。

2. 右击"字幕样式"面板空白处

若在"字幕样式"面板空白处右击，将打开如图 3-116 所示的快捷菜单。其中，右键菜单中各选项的含义介绍如下。

- "新建样式"选项：执行该命令，将当前制作的字幕样式新建为一种新的样式，并在"字幕样式"面板中显示。
- "重置样式库"选项：该命令主要用于将当前"字幕样式"面板中显示的样式库重置为默认状态。

图 3-116

- "追加样式库"选项：该命令主要用于将外部样式库添加到当前的样式库中。

- "保存样式库"选项：执行该命令，可将当前的字幕样式库进行保存，方便以后调用。
- "替换样式库"选项：执行该命令以后，在弹出的"打开样式库"对话框中打开样式库文件，可更新当前的字幕样式库。

【自己练】

项目练习 制作缓入缓出的滚动字幕

📺 项目背景

电影谢幕的最后通常会有演员列表，通常是通过游动字幕的形式实现的。自下而上的字幕显示方式，让展示效果变得更佳。

📺 项目要求

字幕设置简洁流畅，实现自下而上的展示效果；设置缓入缓出的效果，使字幕的显示更佳。

📺 项目分析

使用"新建字幕"命令新建字幕；使用"输入"工具 T 输入文字；单击"滚动 / 游动选项"按钮；设置"缓入"和"缓出"的数值。

📺 项目效果

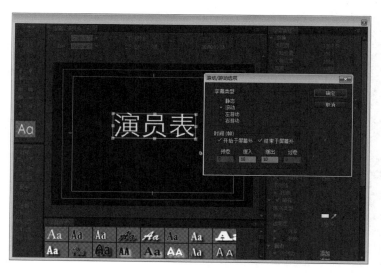

📺 课时安排

2 课时。

第4章

制作宣传影片
——视频切换效果详解

本章概述：

　　一部电影或一个电视节目是由很多个镜头组成的，镜头之间组合显示的变化被称为切换或转场。视频切换效果可以使素材剪辑在影片中出现或消失，使素材影像间的切换变得平滑流畅。本章将向读者介绍如何为视频添加视频切换效果并设置相关参数等操作。

要点难点：

　　视频切换方式　★★☆
　　视频切换特效的设置　★★☆
　　视频切换效果的运用　★★★

案例预览：

制作新年宣传影片

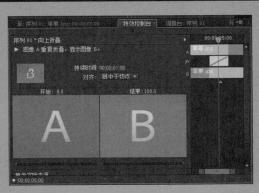

视频切换特效的设置

【跟我学】 制作新年宣传影片

🖥 作品描述：

在制作一些宣传影片时，需要将不同镜头的素材组合在一起，在组合过程中，为素材添加视频切换特效，能够使素材之间的切换更加衔接、融洽。本案例将综合运用视频切换特效制作一个新年宣传影片。

1．新建项目和序列

STEP 01 新建项目，在弹出的"新建项目"对话框中设置名称、保存位置等参数，如图 4-1 所示。

STEP 02 在弹出的"新建序列"对话框中设置项目序列参数，如图 4-2 所示。

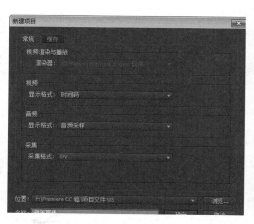

图 4-1   图 4-2

2．导入素材并插入"时间线"面板

STEP 01 在"项目"面板中双击，在弹出的素材文件夹中选择所需的图片素材，如图 4-3 所示。

STEP 02 单击"打开"按钮，即可将素材导入到"项目"面板中，如图 4-4 所示。

STEP 03 将"项目"面板中的图像素材插入到"时间线"面板中，如图 4-5 所示。

STEP 04 打开"节目监视器"面板，在该面板中浏览图像素材，如图 4-6 所示。

3．设置素材属性

STEP 01 选择"2017.jpg"素材，在"特效控制台"面板中设置缩放参数，如图 4-7 所示。

STEP 02 完成操作后即可在"节目监视器"面板中预览效果，如图4-8所示。

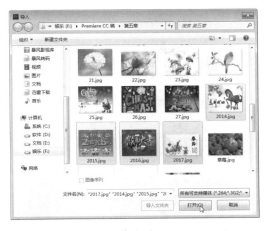

图4—3

图4—4

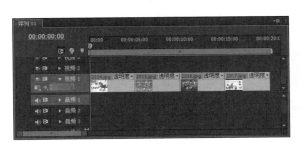

图4—5

图4—6

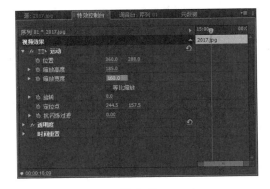

图4—7

图4—8

4．创建默认游动字幕

STEP 01 把时间指示器拖到00:00:15:00处，执行"字幕>新建字幕>默认游动字幕"命令，如图4-9所示。

STEP 02 在弹出的"新建字幕"对话框中设置字幕的参数，如图4-10所示。

图 4-9   图 4-10

5. 创建字幕

STEP 01 设置字幕参数之后，打开"字幕设计"面板，在"字幕工具"面板中选择"输入"工具 T，如图 4-11 所示。

STEP 02 在字幕设计区中单击鼠标，在文本输入框中输入"2017 金鸡报春"，创建字幕的效果如图 4-12 所示。

图 4-11   图 4-12

6. 设置字幕属性

STEP 01 在字幕设计区中选中创建的字幕，然后设置"变换"和"属性"参数，如图 4-13 所示。

STEP 02 浏览设置完成后的字幕效果，如图 4-14 所示。

STEP 03 在字幕设计区设置"填充"和"阴影"参数，如图 4-15 所示。

STEP 04 浏览设置完成后的字幕效果，如图 4-16 所示。

7. 插入字幕素材

STEP 01 单击"滚动 / 游动选项"按钮 ，如图 4-17 所示。

STEP 02 在弹出的"滚动 / 游动选项"对话框中设置相应参数，如图 4-18 所示。

图 4—13

图 4—14

图 4—15

图 4—16

图 4—17

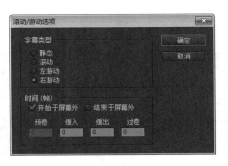

图 4—18

STEP 03 关闭字幕设计面板，将保存于"项目"面板中的字幕插入到"时间线"面板中，如图 4-19 所示。

STEP 04 打开"节目监视器"面板，在该面板中拖动时间滑块，浏览字幕游动效果，如图 4-20 所示。

CHAPTER 01

CHAPTER 02

CHAPTER 03

CHAPTER 04

CHAPTER 05

图 4—19　　　　　　　　　　　　　　　图 4—20

8．添加"胶片溶解"视频切换特效并设置参数

STEP 01 将时间指示器拖至开始处，打开"效果"面板，依次展开"视频切换 > 叠化"卷展栏，选择"胶片溶解"视频切换特效，如图 4-21 所示。

STEP 02 将选择的视频切换特效添加到"2014.jpg"素材的开始处，如图 4-22 所示。

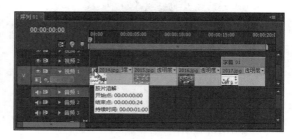

图 4—21　　　　　　　　　　　　　　　图 4—22

STEP 03 切换至"特效控制台"面板，设置"缩放"特效的持续时间为 00:00:02:00，如图 4-23 所示。

STEP 04 完成上述操作后，即可在"节目监视器"面板中预览效果，如图 4-24 所示。

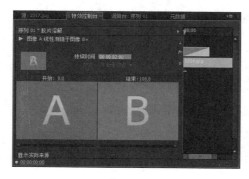

图 4—23　　　　　　　　　　　　　　　图 4—24

9．添加视频切换特效并设置参数

STEP 01 用同样的方法将"螺旋框"视频切换特效添加到"2014.jpg"和"2015.jpg"

素材连接处，如图 4-25 所示。

STEP 02 切换至"特效控制台"面板，设置"缩放"特效的持续时间为 00:00:02:00，"结束"为 90，如图 4-26 所示。

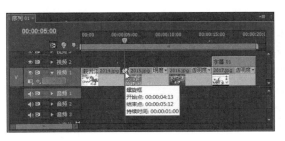

图 4-25

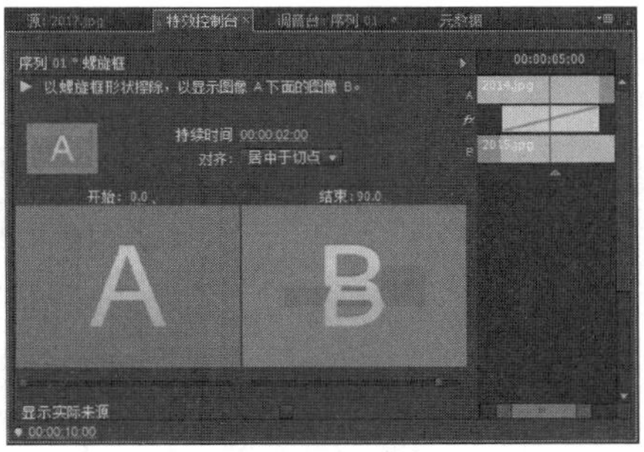

图 4-26

STEP 03 完成上述操作后，即可在"节目监视器"面板中预览效果，如图 4-27 所示。

STEP 04 用同样的方法将"斜线滑动"和"缩放拖尾"视频切换特效分别添加到两素材连接处，如图 4-28 所示。

图 4-27

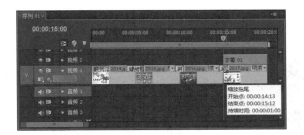

图 4-28

STEP 05 在"特效控制台"面板，设置特效的持续时间为 00:00:02:00，"结束"为 90，如图 4-29 所示。

STEP 06 完成上述操作后，即可在"节目监视器"面板中预览效果，如图 4-30 所示。

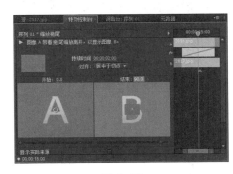

图 4-29

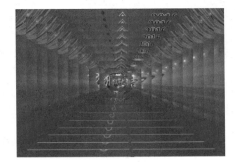

图 4-30

10．预览效果并保存项目

STEP 01 完成上述操作后，即可在"节目监视器"面板中预览效果，如图 4-31 所示。

STEP 02 执行"文件 > 保存"命令，即可保存项目文件，如图 4-32 所示。

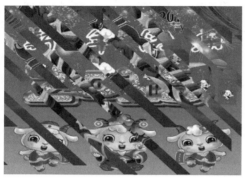

图 4-31

图 4-32

11．导出项目

STEP 01 设置完成后，按 Ctrl+M 组合键，在弹出的"导出设置"对话框中设置导出文件参数，如图 4-33 所示。

STEP 02 单击"确定"按钮，即可对当前项目进行输出，如图 4-34 所示。

图 4-33

图 4-34

【听我讲】

4.1　认识视频切换

视频切换是指两个场景（即两段素材）之间，采用一定的技巧如叠化、擦除、卷页等，实现场景或情节之间的平滑切换，或达到丰富画面、吸引观众的效果。

4.1.1　视频切换的方式

对于初学 Premiere Pro 的用户来说，合理地为素材添加一些视频切换特效，能够使原本不衔接、跨越感较强的两段或者多段素材在切换时更加平滑、顺畅，不仅能使编辑的画面更加流畅、美观，还能提高用户编辑影片的效率。

Premiere Pro 的视频切换特效位于"效果"面板的"视频切换"卷展栏中，如图 4-35 所示。

图 4-35

添加视频切换特效的方法其实很简单，只需在"效果"面板中选择需要添加的视频切换特效，在选择的视频切换特效上单击并拖动鼠标，如图 4-36 所示，将其拖动到"时间线"面板中的目标素材上，如图 4-37 所示，即可完成添加视频切换特效的操作。

图 4-36

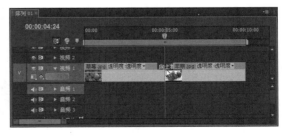

图 4-37

4.1.2 视频切换特效的设置

在将视频切换特效添加到两素材连接处后，在"时间线"面板中选择添加的视频切换特效，如图4-38所示，打开"特效控制台"面板，即可进行该视频切换特效的参数设置，如图4-39所示。

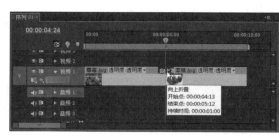
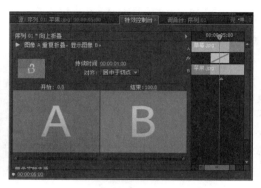

图 4-38　　　　　　　　　　　　　　图 4-39

1. 设置视频切换特效的持续时间

在打开的"特效控制台"面板中，用户可以通过设置"持续时间"参数，控制整个视频切换特效的持续时间。该参数值越大，视频切换特效所持续的时间也就越长；参数值越小，视频切换特效所持续的时间也就越短。在"特效控制台"面板中设置"持续时间"参数，如图4-40所示，画面效果如图4-41所示。

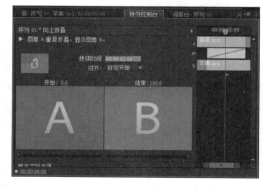
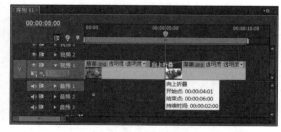

图 4-40　　　　　　　　　　　　　　图 4-41

2. 设置视频切换特效的开始位置

在"特效控制台"面板的左上角，有一个用于控制视频切换特效开始位置的控件，该控件会因视频切换特效的不同而不同。下面将以"擦除"视频切换特效为例，介绍视频切换特效开始位置的控制方法。

STEP 01 在"视频切换"栏中选择 "擦除"视频切换特效，将"擦除"视频切换特效添加到"星空.jpg"素材开始处，如图4-42所示。

STEP 02 选中素材上的"擦除"视频切换特效，切换到"特效控制台"面板，如图 4-43 所示。

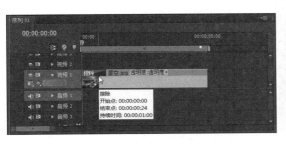

图 4-42　　　　　　　　　　　　　图 4-43

STEP 03 单击"特效控制台"面板中如图所示的灰色三角形，选中"自北东到南西"选项为视频切换特效开始位置，如图 4-44 所示。

STEP 04 完成上述操作之后，即可观看视频切换效果，如图 4-45 所示。

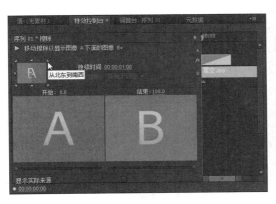

图 4-44

图 4-45

从上面可以看到，"擦除"视频切换特效的开始位置是可以调整的，并且视频切换特效只能以一个点为开始位置，无法以多个点为开始位置。

3. 设置特效对齐参数

在"特效控制台"面板中，"对齐"参数用于控制视频切换特效的切割对齐方式，这些对齐方式分为"居中于切点""开始于切点""结束于切点"及"自定开始"4种，如图 4-46 所示。

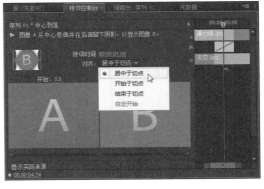

图 4-46

1）居中于切点

当将视频切换特效插入两素材中间位置时，视频切换特效将以"居中于切点"对齐方式为默认参数。选择"居中于切点"对齐方式，视频切换特效位于两素材之间的中间位置，视频切换特效所占用的两素材均等，"时间线"面板中添加的视频切换特效如图4-47所示，画面效果如图4-48所示。

图 4—47

图 4—48

2）开始于切点

当用户将视频切换特效添加到某素材的开始端时，在"特效控制台"面板的"对齐"下拉列表中选择显示视频切换特效对齐方式为"开始于切点"，如图4-49所示，画面效果如图4-50所示。

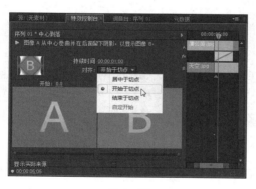

图 4—49

图 4—50

3）结束于切点

当用户将视频切换特效添加于素材的结束位置时，在"特效控制台"面板的"对齐"下拉列表中选择显示视频切换特效对齐方式为"结束于切点"，如图4-51所示，画面效果如图4-52所示。

4）自定开始

除了前面介绍的"居中于切点""开始于切点""结束于切点"对齐方式，用户还可以自定义视频切换特效的对齐方式。在"时间线"面板中，选择添加的视频切换特效，单击鼠标并进行拖动，如图4-53所示；在调整视频切换特效的对齐位置之后，系统将自

CHAPTER 01

CHAPTER 02

CHAPTER 03

CHAPTER 04

CHAPTER 05

动将视频切换特效的对齐方式切换为"自定开始"，如图4-54所示。

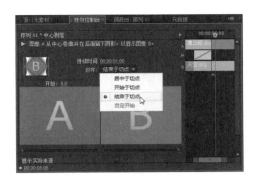

图 4-51

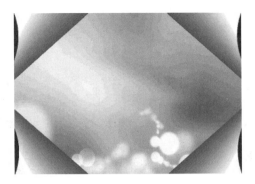

图 4-52

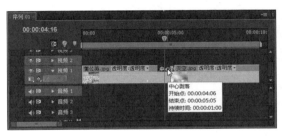

图 4-53

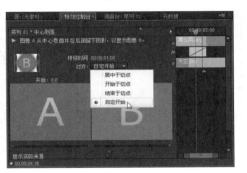

图 4-54

4. 显示实际素材

在"特效控制台"面板中，有两个视频切换特效预览区域，分为A和B，分别用于显示应用于A和B两素材上的视频切换效果。为了能更好地根据素材的效果来设置视频切换特效的参数，需要在这两个预览区中显示出素材的效果。

"显示实际源"参数用于在视频切换特效预览区域中显示出实际的素材效果，默认状态为不启用，如图4-55所示。选中该复选框后，在视频切换特效预览区中则显示出素材的实际效果，如图4-56所示。

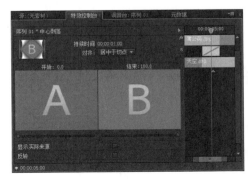

图 4-55

图 4-56

5. 控制视频切换特效开始、结束效果

在视频切换特效预览区上部，有两个控制视频切换特效开始、结束的控件，即"开始""结束"。

1）开始

"开始"参数用于控制视频切换特效开始的位置时，默认参数为0，表示视频切换特效将从整个视频切换过程的开始位置开始视频切换；若将该参数值设置为10，如图4-57所示，表示视频切换特效从整个视频切换特效的10%位置开始视频切换，效果如图4-58所示。

图 4—57 图 4—58

2）结束

"结束"参数用于控制视频切换特效结束的位置时，默认参数为100，表示在视频切换特效的结束位置，完成所有的视频切换过程；若用户将该参数值设置为90，如图4-59所示，表示视频切换特效结束时，视频切换特效只是完成了整个视频切换的90%，效果如图4-60所示。

图 4—59 图 4—60

6. 设置边宽及边色

部分视频切换特效在视频切换的过程中会产生一定的边框效果，而在"特效控制台"面板中就有用于控制这些边框效果宽度、颜色的参数，如"边宽"和"边色"。

1）边宽

"边宽"参数用于控制视频切换特效在视频切换过程中形成的边框的宽窄。该参数值越大，边框宽度也就越大；若该参数值越小，边框宽度也就越小。默认参数值为 0。不同"边宽"参数下，视频切换特效的边框效果也不同，如图 4-61、图 4-62 所示的边宽分别为 5 和 10。

图 4-61　　　　　　　　　　　　　　　　　图 4-62

2）边色

"边色"参数用于控制边框的颜色。单击"边色"参数后的色块，在弹出的"颜色拾取"对话框中设置边框的颜色参数；或者选择色块之后的"吸管"工具，在视图中直接吸取屏幕画面中的颜色作为边框的颜色。通过"颜色拾取"对话框设置边框颜色的效果如图 4-63 所示；利用吸管工具吸取屏幕中的颜色来定义边色的效果如图 4-64 所示。

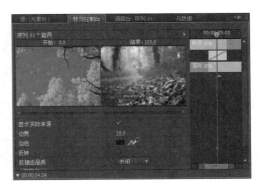

图 4-63　　　　　　　　　　　　　　　　　图 4-64

7. 反转

在为素材添加视频切换特效之后，视频切换特效按照定义的变化进行视频切换，而在视频切换特效的控制参数面板中却没有参数用于自定义视频切换特效的视频切换效果。例如"时钟式划变"视频切换特效按照顺时针方向进行视频切换，当用户需要调整"时钟式划变"视频切换特效的视频切换方向时，只能通过选中"反转"复选框来反转视频切换特效。未选中"反转"复选框时的画面效果如图 4-65 所示，选中"反转"复选框后，画面效果如图 4-66 所示。

图 4—65　　　　　　　　　　　　图 4—66

4.2　运用视频切换

作为一款非常优秀的视频编辑软件，Premiere Pro 内置了许多视频切换特效供用户选用。巧妙运用这些视频切换特效，可以为制作的影片增色不少。下面将对系统内置的各种视频切换特效进行简要介绍。

4.2.1　三维运动

"三维运动"组的视频切换特效可以模仿三维空间的运动效果。该组包含了"向上折叠""帘式""摆入""摆出""旋转""旋转离开""立方体旋转""筋斗过渡""翻转""门"等 10 种视频切换特效，下面将对这 10 种视频切换特效进行详细介绍。

1）向上折叠

在该视频切换特效中，图像 A 如同一张纸片一样被折叠起来，而图像 B 因图像 A 被折叠而逐渐显现，如图 4-67 所示。

2）帘式

在该视频切换特效中，图像 A 就像窗帘一样被掀开，图像 B 随着图像 A 的掀开而显示出来，如图 4-68 所示。

图 4—67　　　　　　　　　　　　图 4—68

3）摆入

在该视频切换特效中，图像 B 就如同一单扇门一样沿着一条轴线摆动直至关闭，将图像 A 关闭在"门"之后，如图 4-69 所示。

4）摆出

在该视频切换特效中，图像 B 就如同一扇门从外向内关闭，图像 A 被关于"门"之后，如图 4-70 所示。

图 4-69

图 4-70

5）旋转

在该视频切换特效中，图像 B 从图像 A 的中心出现并逐渐伸展开，最后覆盖整个图像 A，如图 4-71 所示。

6）旋转离开

在该视频切换特效中，图像 B 就如同竖立于图像 A 上的一页纸，逐渐翻转放平并覆盖图像 A，如图 4-72 所示。

图 4-71

图 4-72

7）立方体旋转

在该视频切换特效中，图像 A 与图像 B 就像是一个立方体的两个不同的面。立方体旋转，其中一个面随着立方体的旋转而离开，另一个面则随着立方体的旋转出现，如图 4-73 所示。

8）筋斗过渡

在该视频切换特效中，两个相邻片断的切换以图像 A 像翻筋斗一样翻出，显现出图像 B 的形式来实现的，效果就像翻筋斗一样，如图 4-74 所示。

图 4—73

图 4—74

9）翻转

在该视频切换特效中，图像 A 和图像 B 组成纸片的两个面，在翻转过程中一个面离开，而另一个面出现，如图 4-75 所示。

10）门

在该视频切换特效中，图像 B 如同关闭两扇门一样从屏幕两侧进入并逐渐占据整个画面，图像 A 则被"关闭"在"门"后，如图 4-76 所示。

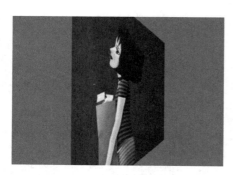

图 4—75

图 4—76

4.2.2　伸展

"伸展"组的视频切换特效主要是将图像 B 以多种形状展开，最后覆盖图像 A，主要包括"交叉伸展""伸展""伸展覆盖"和"伸展进入" 4 种视频切换特效。下面将对这 4 种视频切换特效进行详细的介绍。

1）交叉伸展

在该视频切换特效中，图像 B 从一边延展进入，同时图像 A 向另一边收缩消失，最终实现图像 B 覆盖图像 A 的效果，如图 4-77 所示。

2）伸展

该视频切换特效的效果是图像 A 保持不动，图像 B 延展覆盖图像 A，如图 4-78 所示。

图 4—77　　　　　　　　　　　　　　　　　　图 4—78

3）伸展覆盖

在该视频切换特效中，图像 B 从图像 A 的中心线性放大，从而覆盖图像 A，如图 4-79 所示。

4）伸展进入

在该视频切换特效中，图像 B 是从完全透明开始，以被放大的状态，逐渐缩小并变成不透明，最终覆盖图像 A，如图 4-80 所示。

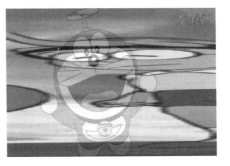

图 4—79　　　　　　　　　　　　　　　　　　图 4—80

4.2.3　光圈

"光圈"组视频切换特效是通过分割画面来完成场景转换的，该组包含了"划像交叉""划像形状""圆划像""星形划像""盒形划像""菱形划像""点划像"等 7 种划像视频切换特效。下面将对这 7 种视频切换特效进行详细介绍。

1）划像交叉

在"划像交叉"视频切换特效中，图像 B 以一个十字形出现且图形愈来愈大，以至于将图像 A 完全划开，如图 4-81 所示。

2）划像形状

在"划像形状"视频切换特效中，图像 B 以用户自定义的细小图形在图像 A 上出现，几何图像逐渐放大直至充满画面并覆盖图像 A，如图 4-82 所示。

图 4—81

图 4—82

3）圆划像

在"圆划像"视频切换特效中，图像 B 呈圆形在图像 A 上展开并逐渐覆盖整个图像 A，如图 4-83 所示。

4）星形划像

在"星形划像"视频切换特效中，图像 B 以一个五角星的形状在图像 A 中出现，并随着五角星的逐渐放大而逐渐占据画面，直至最终充满整个画面，如图 4-84 所示。

图 4—83

图 4—84

5）点划像

在"点划像"视频切换特效中，图像 A 以一个斜十字形逐渐消失于画面并呈现出图像 B，如图 4-85 所示。

6）盒形划像

在"盒形划像"视频切换特效中，图像 B 以盒子形状从图像的中心划开，盒子形状逐渐增大，直至充满整个画面并全部覆盖住图像 A，如图 4-86 所示。

图 4—85

图 4—86

7）菱形划像

在"菱形划像"视频切换特效中，图像 B 以菱形图像形式在图像 A 的任何位置出现并且菱形的形状逐渐展开，直至覆盖图像 A，如图 4-87 所示。

图 4-87

 操作技能

设置星形划像的位置：在为素材添加了"星形划像"视频切换特效之后，在该视频切换特效的"特效控制台"面板中，可以调整视频切换特效的划像变化位置。

4.2.4　卷页

"卷页"组视频切换特效主要是使图像 A 以各种卷页的动作形式消失，最终显示出图像 B。该组包含了"中心剥落""剥开背面""卷走""翻页""页面剥落"等 5 种视频切换特效，下面将对这 5 种视频切换特效进行详细介绍。

（1）中心剥落。

在"中心剥落"视频切换特效中，图像 A 从中心向四角卷曲，卷曲完成后显现出图像 B，如图 4-88 所示。

（2）剥开背面。

在"剥开背面"视频切换特效中，图像 A 由中心分成 4 块向四角卷曲，最终显现出图像 B，如图 4-89 所示。

图 4-88

图 4-89

（3）卷走。

在"卷走"视频切换特效中，图像 A 以滚轴动画的方式向一边滚动卷曲，最终显现出图像 B，如图 4-90 所示。

（4）翻页。

在"翻页"视频切换特效中，图像 A 以页角对折的形式逐渐消失卷曲，显现出图像 B，如图 4-91 所示。

图 4-90

图 4-91

（5）页面剥落。

"页面剥落"视频切换特效类似于"翻页"的对折效果，但是卷曲时背景是渐变色，如图 4-92 所示。

"卷页"切换效果可以使素材图像产生卷页转换的效果。下面将向读者介绍"页面剥落"效果的运用。

图 4-92

1. 新建项目和序列

STEP 01 新建项目，在弹出的"新建项目"对话框中设置名称、保存位置等参数，如图 4-93 所示。

STEP 02 在弹出的"新建序列"对话框中设置项目序列参数，如图 4-94 所示。

图 4-93

图 4-94

制作宣传影片——视频切换效果详解　第4章

CHAPTER 01
CHAPTER 02
CHAPTER 03
CHAPTER 04
CHAPTER 05

2．导入素材并插入"时间线"面板

STEP 01 在"项目"面板中双击，在弹出的素材文件夹中选择所需的"25.jpg""26.jpg"和"27.jpg"图片素材，如图 4-95 所示。

STEP 02 单击"打开"按钮，即可将素材导入到"项目"面板中，如图 4-96 所示。

图 4—95

图 4—96

STEP 03 将"项目"面板中的"25.jpg"和"26.jpg"图像素材插入到"时间线"面板中，如图 4-97 所示。

STEP 04 打开"节目监视器"面板，在该面板中浏览图像素材，如图 4-98 所示。

图 4—97

图 4—98

3．添加"卷走"视频切换特效并设置参数

STEP 01 打开"效果"面板，依次展开"视频切换 > 卷页"卷展栏，选择"卷走"视频切换特效，如图 4-99 所示。

STEP 02 将选择的视频切换特效添加到两素材连接处，如图 4-100 所示。

STEP 03 切换至"特效控制台"面板，设置"卷走"特效的持续时间为 00:00:02:00，如图 4-101 所示。

STEP 04 完成上述操作后，即可在"节目监视器"面板中预览效果，如图 4-102 所示。

图 4-99　　　　　　　　　　　图 4-100

图 4-101　　　　　　　　　　　图 4-102

4. 插入素材并添加"页面剥落"特效

STEP 01 将"项目"面板中的"27.jpg"素材添加到"时间线"面板中，如图 4-103 所示。

STEP 02 打开"效果"面板，依次展开"视频切换 > 卷页"卷展栏，选择"页面剥落"视频切换特效，如图 4-104 所示。

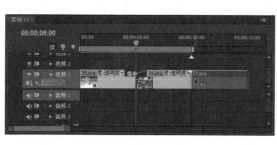

图 4-103　　　　　　　　　　　图 4-104

STEP 03 将选择的视频切换特效添加到两素材连接处，如图 4-105 所示。

STEP 04 切换至"特效控制台"面板，设置"页面剥落"特效的持续时间为 00:00:02:00，如图 4-106 所示。

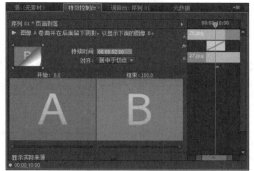

图 4—105   图 4—106

5. 预览效果并保存项目

STEP 01 完成上述操作后，即可在"节目监视器"面板中预览效果，如图 4-107 所示。

STEP 02 执行"文件 > 保存"命令，即可保存项目文件，如图 4-108 所示。

图 4—107   图 4—108

6. 导出项目

STEP 01 设置完成后，按 Ctrl+M 组合键，在弹出的"导出设置"对话框中设置导出文件参数，如图 4-109 所示。

STEP 02 单击"确定"按钮，即可对当前项目进行输出，如图 4-110 所示。

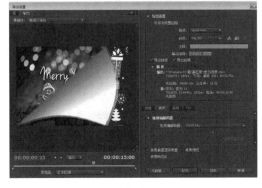

图 4—109   图 4—110

CHAPTER 01

CHAPTER 02

CHAPTER 03

CHAPTER 04

CHAPTER 05

4.2.5 叠化

　　"叠化"视频切换特效组主要是以淡化、渗透等方式产生切换效果，该类特效包括了"交叉叠化（标准）""抖动溶解""渐隐为白色""渐隐为黑色""胶片溶解""附加叠化""随机反相""非附加叠化"等8种视频切换特效。下面将对这8种视频切换特效进行详细介绍。

　　1）交叉叠化（标准）

　　在该视频切换特效中，图像A的不透明度逐渐降低直至完全透明，图像B则在图像A逐渐透明过程中慢慢显示出来，如图4-111所示。

　　2）抖动溶解

　　在该视频切换特效中，图像B以小点方式逐渐替代图像A，而图像A则以小点方式逐渐消失，如图4-112所示。

图 4-111

图 4-112

　　3）渐隐为白色

　　在该视频切换特效中，图像A逐渐变白而图像B则从白色中逐渐显现出来，如图4-113所示。

　　4）渐隐为黑色

　　在该视频切换特效中，图像A逐渐变黑而图像B则从黑暗中逐渐显现出来，如图4-114所示。

图 4-113

图 4-114

　　5）胶片溶解

　　在该视频切换特效中，　图像A逐渐变色为胶片反色效果并逐渐消失，同时图像B也由胶片反色效果逐渐显现并恢复正常色彩，如图4-115所示。

6）附加叠化

在该视频切换特效中，图像A和图像B以亮度叠加方式相互融合，图像A逐渐变亮的同时图像B逐渐出现在屏幕上，如图4-116所示。

图4-115

图4-116

7）随机反相

在该视频切换特效中，图像A以随机的板块形状逐渐消失，而图像B则以随机板块的方式出现，并最终占据整个屏幕，如图4-117所示。

8）非附加叠化

在该视频切换特效中，图像A从黑暗部分消失，而图像B则从最亮部分到最暗部分依次进入屏幕，直至最终完全占据整个屏幕，如图4-118所示。

图4-117

图4-118

在认识Premiere Pro所有的视频切换特效之前，首先需要掌握视频切换特效的添加方法及控制方法。下面将向读者介绍如何为素材添加"渐隐为黑色"切换特效。

1. 新建项目和序列

STEP 01 新建项目，在弹出的"新建项目"对话框中设置名称、保存位置等参数，如图4-119所示。

STEP 02 在弹出的"新建序列"对话框的"常规"选项卡中设置项目序列参数，如图4-120所示。

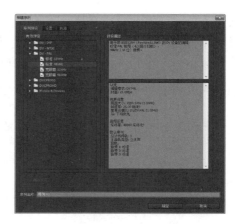

图 4-119　　　　　　　　　　　　　　　　图 4-120

2．导入素材并插入"时间线"面板

STEP 01 在"项目"面板中双击，在弹出的素材文件夹中选择所需的"15.jpg"和"16.jpg"图片素材，如图 4-121 所示。

STEP 02 单击"打开"按钮，即可将素材导入到"项目"面板中，如图 4-122 所示。

图 4-121　　　　　　　　　　　　　　　　图 4-122

STEP 03 将"项目"面板中的图像素材插入到"时间线"面板中，如图 4-123 所示。

STEP 04 打开"节目监视器"面板，在该面板中浏览图像素材，如图 4-124 所示。

图 4-123　　　　　　　　　　　　　　　　图 4-124

3．设置视频的运动属性参数

STEP 01 选择"16.jpg"图片素材，打开"特效控制台"面板，设置"缩放"属性，如图 4-125
所示。

STEP 02 完成操作后即可在"节目监视器"面板中预览效果，如图 4-126 所示。

图 4-125

图 4-126

4．添加"渐隐为黑色"视频切换特效

STEP 01 打开"效果"面板，依次展开"视频切换 > 叠化"卷展栏，选择"渐隐为黑
色"视频切换特效，如图 4-127 所示。

STEP 02 将选择的视频切换特效添加到两素材连接处，如图 4-128 所示。

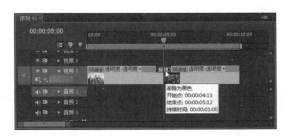

图 4-127

图 4-128

5．设置视频切换特效参数

STEP 01 切换至"特效控制台"面板，设置"渐隐为黑色"特效的持续时间为
00:00:04:00，如图 4-129 所示。

STEP 02 设置"渐隐为黑色"特效的"结束"为 70，如图 4-130 所示。

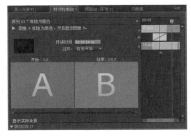

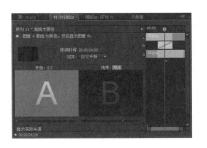

图 4-129

图 4-130

6. 预览效果并保存项目

STEP 01 完成上述操作后，即可在"节目监视器"面板中预览效果，如图 4-131 所示。

STEP 02 执行"文件 > 保存"命令，即可保存项目文件，如图 4-132 所示。

图 4-131

图 4-132

7. 导出项目

STEP 01 设置完成后，按 Ctrl+M 组合键，在弹出的"导出设置"对话框中设置导出文件参数，如图 4-133 所示。

STEP 02 单击"确定"按钮，即可对当前项目进行输出，如图 4-134 所示。

图 4-133

图 4-134

4.2.6 擦除

"擦除"组的视频切换特效主要是以各种方式将图像擦除来完成场景的转换。该组包含了"双侧平推门""带状擦除""径向划变""插入""擦除""时钟式划变""棋盘""棋盘划变""楔形划变""水波块""油漆飞溅""渐变擦除""百叶窗""螺旋框""随机块""随机擦除""风车"等 17 种视频切换特效。下面将对这 17 种视频切换特效进行详细介绍。

1）双侧平推门

在"双侧平推门"视频切换特效中，图像A如同两扇门被拉开，逐渐露出后面的图像B，如图4-135所示。

2）带状擦除

在"带状擦除"视频切换特效中，图像B呈带状从画面的两边插入，最终组成完整的图像并将图像A覆盖，如图4-136所示。

图 4-135

图 4-136

3）径向划变

在"径向划变"视频切换特效中，图像B从画面的某一角以射线扫描的状态出现，将图像A擦除，如图4-137所示。

4）插入

在"插入"视频切换特效中，图像B从图像A的一角插入，最终完全将图像A覆盖，如图4-138所示。

图 4-137

图 4-138

5）擦除

在"擦除"视频切换特效中，图像B逐渐擦除图像A，如图4-139所示。

6）时钟式划变

在"时钟式划变"视频切换特效中，图像B以时钟转动的形式将图像A擦除，如图4-140所示。

图 4—139

图 4—140

7）棋盘

在"棋盘"视频切换特效中，图像 B 如同跳棋的棋盘一样被分为多个小格，小格在画面中从上至下坠落，最终堆砌成完整的图像并将图像 A 覆盖，如图 4-141 所示。

8）棋盘划变

在"棋盘划变"视频切换特效中，图像 B 呈多个板块在图像 A 上出现，并逐渐延伸，最终组合成完整的图像将图像 A 覆盖，如图 4-142 所示。

图 4—141

图 4—142

9）楔形划变

在"楔形划变"视频切换特效中，图像 B 从图像 A 的中心处以楔形旋转划入，如图 4-143 所示。

10）水波块

在"水波块"视频切换特效中，图像 B 是以来回往复换行推进的方式逐渐擦除图像 A 的，如图 4-144 所示。

11）油漆飞溅

在"油漆飞溅"视频切换特效中，图像 B 以泼溅墨点方式出现在图像 A 上，墨点愈来愈多，最终将图像 A 覆盖，如图 4-145 所示。

12）渐变擦除

在"渐变擦除"视频切换特效中，将以一个参考图像的灰度值作为渐变依据，按照参考图像由黑到白的灰度值将图像 A 擦除，显示出底部的图像 B，如图 4-146 所示。

图 4—143

图 4—144

图 4—145

图 4—146

13）百叶窗

在"百叶窗"视频切换特效中，图像 B 是以百叶窗的形式逐渐展开，最终覆盖图像 A，如图 4-147 所示。

14）螺旋框

在"螺旋框"视频切换特效中，图像 B 是以从外向内螺旋状推进的方式出现，最终覆盖图像 A，如图 4-148 所示。

图 4—147

图 4—148

15）随机块

在"随机块"视频切换特效中，图像 B 以小方块的形式随机出现，随着小方块的数量愈来愈多，图像 A 逐渐被覆盖，如图 4-149 所示。

16）随机擦除

在"随机擦除"视频切换特效中，图像 B 沿选择的方向呈随机块逐渐擦除图像 A，如图 4-150 所示。

17）风车

在"风车"视频切换特效中，图像 B 以风车转动方式出现，旋转的风车扇叶逐渐变大直至完全覆盖图像 A，如图 4-151 所示。

图 4-149

图 4-150

图 4-151

操作技能

"油漆飞溅"视频切换特效具有强烈的艺术感，适用于一些高雅艺术素材之间的视频切换。鉴于该视频切换特效对素材艺术氛围要求较高，因此用户在使用该视频切换特效时，要注意素材是否适合使用该视频切换特效。

下面将通过添加"擦除"视频切换效果中的"油漆飞溅"效果，通过对本案例的学习，读者可以掌握油漆飞溅镜头切换效果的实现方法。

1. 新建项目和序列

STEP 01 新建项目，在弹出的"新建项目"对话框中设置名称、保存位置等参数，如图 4-152 所示。

图 4-152

STEP 02 在弹出的"新建序列"对话框中设置项目序列参数，如图4-153所示。

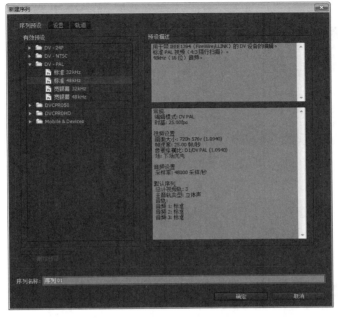

图 4-153

2. 导入素材并插入"时间线"面板

STEP 01 在"项目"面板中双击，在弹出的素材文件夹中选择所需的"11.jpg"和"12.jpg"图片素材，如图4-154所示。

STEP 02 单击"打开"按钮，即可将素材导入到"项目"面板中，如图4-155所示。

图 4-154

图 4-155

STEP 03 将"项目"面板中的图像素材插入到"时间线"面板中，如图4-156所示。

STEP 04 打开"节目监视器"面板，在该面板中浏览图像素材，如图4-157所示。

Adobe Premiere Pro CS6 ||||||||||||||
影视编辑设计与制作案例技能实训教程

CHAPTER 01

CHAPTER 02

CHAPTER 03

CHAPTER 04

CHAPTER 05

图 4-156   图 4-157

3．添加"油漆飞溅"视频切换特效

STEP 01 打开"效果"面板，依次展开"视频切换 > 擦除"卷展栏，选择"油漆飞溅"视频切换特效，如图 4-158 所示。

STEP 02 将选择的视频切换特效添加到两素材连接处，如图 4-159 所示。

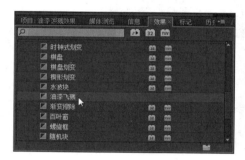

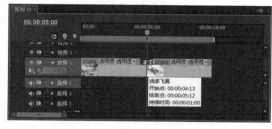

图 4-158   图 4-159

4．设置视频切换特效参数

STEP 01 切换至"特效控制台"面板，设置"油漆飞溅"特效的持续时间为 00:00:02:00，如图 4-160 所示。

STEP 02 设置"油漆飞溅"特效的边色为白色，如图 4-161 所示。

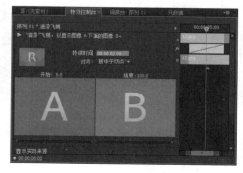

图 4-160   图 4-161

5. 预览效果并保存项目

STEP 01 完成上述操作后，即可在"节目监视器"面板中预览效果，如图 4-162 所示。

STEP 02 执行"文件 > 保存"命令，即可保存项目文件，如图 4-163 所示。

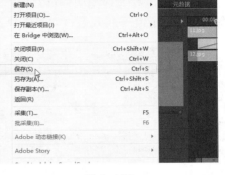

图 4-162　　　　　　　　　　　　　　　　　　图 4-163

6. 导出项目

STEP 01 设置完成后，按 Ctrl+M 组合键，在弹出的"导出设置"对话框中设置导出文件参数，如图 4-164 所示。

STEP 02 单击"确定"按钮，即可对当前项目进行输出，如图 4-165 所示。

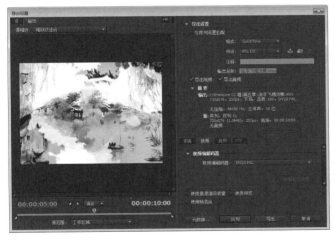

图 4-164　　　　　　　　　　　　　　　　　　图 4-165

4.2.7 映射

"映射"组的视频切换特效主要是将亮度或通道映射到另一幅图像上，产生两个图像中的亮度或色彩混合的静态图像效果。该组包含了"明亮度映射"和"通道影视"两种视频切换特效，下面将对两种视频切换特效进行详细介绍。

1）明亮度映射

在"明亮度映射"视频切换特效中，将图像 A 中像素的亮度映射到图像 B 上，产生像素的亮度混合效果，如图 4-166 所示。

2）通道映射

在"通道映射"视频切换特效中，从图像 A 中选择通道并映射到图像 B，得到两个图像中色彩通道混合的效果，如图 4-167 所示。

图 4-166

图 4-167

4.2.8　滑动

"滑动"组的视频切换特效主要是通过运动画面的方式完成场景的转换。该组包含了"带状滑动""中心合并""中心拆分""互换""多旋转""带状滑动""拆分""推""斜线滑动""滑动""滑动带""滑动框""旋涡"等 12 种视频切换特效，下面将对这 12 种视频切换特效进行详细介绍。

1）中心合并

在"中心合并"视频切换特效中，图像 A 被分成 4 块并向画面中心收缩合并，最终消失在画面中，而图像 B 则在图像 A 收缩的过程中逐渐显现出来，如图 4-168 所示。

2）中心拆分

在"中心拆分"视频切换特效中，图像 A 从画面中心分成 4 块并向 4 个方向滑行，逐渐露出图像 B，如图 4-149 所示。

3）互换

在"互换"视频切换特效中，图像 B 从图像后方转向前方，最终覆盖图像 A，如图 4-170 所示。

4）多旋转

在"多旋转"视频切换特效中，图像 B 以多个旋转的小方块出现，小方块在旋转的同时逐渐放大，最终组合成一个完整的图像，图像 A 在图像 B 逐渐形成的过程中被图像 B 覆盖，如图 4-171 所示。

图 4—168

图 4—169

图 4—170

图 4—171

5）带状滑动

在"带状滑动"视频切换特效中，图像 B 以分散的带状从画面的两边向中心靠拢，合并成完整的图像并将图像 A 遮盖，如图 4-172 所示。

6）拆分

在"拆分"视频切换特效中，图像 A 向两侧分裂，显现出图像 B，如图 4-173 所示。

图 4—172

图 4—173

7）推

在"推"视频切换特效中，图像 A 和图像 B 左右并排在一起，图像 B 把图像 A 向一边推动使图像 A 离开画面，图像 B 逐渐占据图像 A 的位置，如图 4-174 所示。

8）斜线滑动

在"斜线滑动"视频切换特效中，图像 B 以多条斜线的方式逐渐从画面的两端插入，最终组合成完整的图像并将图像 A 覆盖，如图 4-175 所示。

图 4-174   图 4-175

9）滑动

在"滑动"视频切换特效中，图像 B 从画面的左边到右边直接插入画面，将图像 A 覆盖，如图 4-176 所示。

10）滑动带

在"滑动带"视频切换特效中，图像 B 以条带状在画面中出现，在条带运动过程中图像 A 逐渐被图像 B 替代，如图 4-177 所示。

图 4-176   图 4-177

11）滑动框

在"滑动框"视频切换特效中，图像 B 被分为多个条状对象，以堆砌方式组成完整的图像并覆盖图像 A，如图 4-178 所示。

12）旋涡

在"旋涡"视频切换特效中，图像B以斜向的自由线条方式划入图像A，如图4-179所示。

图 4—178　　　　　　　　　　　　　　　图 4—179

操作技能

　　"推"视频切换特效与"滑动"视频切换特效的区别是：在"推"视频切换特效中，图像A会因为图像B的推动而变形；而在"滑动"视频切换特效中，图像A不受图像B的影响，图像B以整体滑动方式覆盖图像A。

4.2.9　特殊效果

　　"特殊效果"组的视频切换主要是利用通道、遮罩以及纹理的合成作用来实现特殊的切换效果。该组主要包含了"映射红蓝通道""纹理"和"置换"3种视频切换特效，下面将对这3种视频切换特效进行详细介绍。

　　1）映射红蓝通道

　　在"映射红蓝通道"视频切换特效中，将图像A映射到图像B的红色和蓝色通道中，从而形成混合效果，如图4-180所示。

图 4—180

2）纹理

在"纹理"视频切换特效中，将图像 A 映射到图像 B 上，产生纹理贴图的效果，如图 4-181 所示。

3）置换

在"置换"视频切换特效中，将图像 A 的 RGB 通道像素作为图像 B 的置换贴图，如图 4-182 所示。

图 4-181

图 4-182

4.2.10　缩放

"缩放"组的视频切换特效主要是通过将图像缩放以完成场景的转换。该组包含了"交叉缩放""缩放""缩放拖尾""缩放框"等 4 种视频切换特效，下面将对这 4 种视频切换特效进行详细介绍。

1）交叉缩放

在"交叉缩放"视频切换特效中，图像 A 被逐渐放大直至撑出画面，图像 B 以图像 A 最大的尺寸比例逐渐缩小进入画面，最终在画面中缩放成原始比例大小，如图 4-183 所示。

2）缩放

在"缩放"视频切换特效中，图像 B 从图像 A 的中心出现并逐渐放大，最终覆盖图像 A，如图 4-184 所示。

3）缩放拖尾

在"缩放拖尾"视频切换特效中，图像 A 逐渐向画面的中心缩小，逐渐消失于画面，如图 4-185 所示。

4）缩放框

在"缩放框"视频切换特效中，图像 B 以多个小方块的形式出现在图像 A 上，逐渐放大直至组合成完整的图像并覆盖住图像 A，如图 4-186 所示。

图 4—183

图 4—184

图 4—185

图 4—186

操作技能

在为素材添加"缩放拖尾"视频切换特效后，在"特效控制台"面板中，用户可以自定义视频切换特效的跟踪点。

4.3　外挂视频切换特效

Premiere Pro 除了自带的各种视频切换特效外，还支持许多由第三方提供的外挂视频切换特效插件，这些插件极大地丰富了 Premiere Pro 的视频制作效果。本节将介绍 Cycore FX HD 1.7.1 视频切换特效插件。

1．认识 Cycore FX HD 1.7.1

第三方提供的插件一般情况下包含视频特效插件和视频切换特效插件。新版的 Cycore FX HD 1.7 在安装完成后，视频切换特效会显示在"效果"面板的"视频效果"卷展栏的 Transition（转换）组中，如图 4-187 所示。

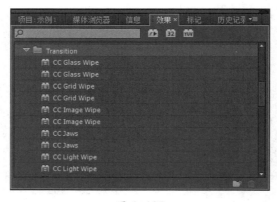

图 4-187

> **操作技能**
>
> 若用户有该视频切换特效的插件文件，只需将其复制到 Premiere 安装目录的 Plugins 下的 Common 文件夹中，再重新启动 Premiere 即可使用。

2．素材放置方式

在使用 Cycore FX HD 1.7.1 插件的视频切换特效之前，需要了解使用该特效时，素材的放置方式，该视频切换插件与使用 Premiere 默认视频切换特效时，素材的放置方式不同。如需要实现两个素材之间的切换，使用 Premiere 自带的视频切换特效时，只需将视频切换特效添加到两素材的连接处，如图 4-188 所示。而使用该插件的视频切换特效时，则需要将素材放置到两个不同轨道中，并且两素材要有一定的重叠，如图 4-189 所示。

图 4-188

图 4-189

3．实现视频切换效果的方式

使用 Cycore FX HD 1.7.1 插件的视频切换特效时，需要将视频切换特效添加到高轨道的素材之上，之后进入该视频切换特效的"特效控制台"面板，通过为视频切换特效参数添加动画关键帧，如图 4-190 所示，即可实现视频切换特效的变化效果，如图 4-191 所示。

图 4—190

图 4—191

【自己练】

项目练习　添加视频切换

💻 项目背景

　　PR 是一款非线性剪辑软件，它自身有很多内置的转场效果，用户可以通过对这些转场效果设置不同的参数，放在不同的位置，从而做出丰富的剪辑效果。还可以借助视频切换插件，进行参数设置，制作更加丰富的过渡效果。

💻 项目要求

　　根据主题的需要，把画面和音频进行优化组合和艺术处理，进而做到和谐统一。通过适当的视频切换效果添加和设置，增强项目的感染力和表现力。

💻 项目分析

　　使用"特效控制台"面板改变视频的大小；使用"渐变擦除"效果，并设置参数，制作出图像擦除的效果。

💻 项目效果

💻 课时安排

　　2 课时。

第5章

制作汽车广告
——视频特效详解

本章概述：

    Premiere Pro 在影视节目编辑方面的一大重点和特色就是视频特效，它可以应用在图像、视频、字幕等对象上，通过设置参数及创建关键帧动画等操作，就可以制作丰富的视觉变化效果。本章将介绍如何在影片中应用视频效果。

要点难点：

关键帧的应用　　★★☆

视频特效的应用　★★★

插件的使用　　　★★☆

案例预览：

制作汽车广告

应用混合视频特效

【跟我学】 制作汽车广告

作品描述：

本案例将通过汽车广告的制作综合学习视频特效的应用和设置。通过对本案例的学习，读者可以掌握制作精美广告的方法，并熟练应用视频效果。

1．新建项目和序列

STEP 01 新建项目，在弹出的"新建项目"对话框中设置名称、保存位置等参数，如图 5-1 所示。

STEP 02 在弹出的"新建序列"对话框中设置项目序列参数，如图 5-2 所示。

图 5-1

图 5-2

2．导入素材并插入"时间线"面板

STEP 01 在"项目"面板中双击，在弹出的素材文件夹中选择所需的素材，如图 5-3 所示。

STEP 02 单击"打开"按钮，即可将素材导入到"项目"面板中，如图 5-4 所示。

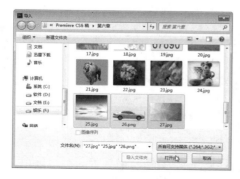

图 5-3

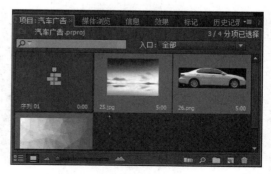

图 5-4

STEP **03** 将"项目"面板中的"25.jpg"素材插入"视频 1"轨道上，如图 5-5 所示。

STEP **04** 打开"节目监视器"面板，在该面板中浏览图像素材，如图 5-6 所示。

图 5-5

图 5-6

STEP **05** 将"项目"面板中的"26.png"素材插入"视频 2"轨道上，如图 5-7 所示。

STEP **06** 打开"节目监视器"面板，在该面板中浏览图像素材，如图 5-8 所示。

图 5-7

图 5-8

3．设置素材属性参数

STEP **01** 选择"26.png"素材，切换至"特效控制台"面板，设置参数如图 5-9 所示。

STEP **02** 设置完成后即可在"节目监视器"面板中预览效果，如图 5-10 所示。

图 5-9

图 5-10

Adobe Premiere Pro CS6
影视编辑设计与制作案例技能实训教程

CHAPTER 01

CHAPTER 02

CHAPTER 03

CHAPTER 04

CHAPTER 05

4．插入素材并重命名

STEP **01** 将"项目"面板中的"26.png"素材插入"视频 3"轨道上，如图 5-11 所示。

STEP **02** 选择"视频 2"轨道上的素材，右击，在弹出的快捷菜单中选择"重命名"命令，如图 5-12 所示。

图 5-11

图 5-12

STEP **03** 在弹出的"重命名素材"对话框中输入新名称，如图 5-13 所示。

STEP **04** 设置完成后即可在"节目监视器"面板中预览效果，如图 5-14 所示。

图 5-13

图 5-14

5．添加"垂直翻转"视频特效

STEP **01** 在"效果"面板中，依次打开"视频特效 > 变换"卷展栏，选择"垂直翻转"视频特效，如图 5-15 所示。

STEP **02** 把"垂直翻转"视频特效添加到"倒影 .png"素材上后，打开"节目监视器"面板浏览画面效果，如图 5-16 所示。

图 5-15

图 5-16

6．设置视频特效参数

STEP 01 切换至"特效控制台"面板，设置视频特效的相关参数，如图 5-17 所示。

STEP 02 设置完成后即可在"节目监视器"面板中预览效果，如图 5-18 所示。

图 5-17

图 5-18

7．创建嵌套序列

STEP 01 选中时间线上的"26.png"素材和"倒影 .png"素材，右击，在弹出的快捷菜单中选择"嵌套"命令，如图 5-19 所示。

STEP 02 即可创建一个"嵌套序列 01"，如图 5-20 所示。

图 5-19

图 5-20

8．设置关键帧动画

STEP 01 把时间指示器拖到开始处，给"嵌套序列 01"添加第一个关键帧，设置参数如图 5-21 所示。

STEP 02 设置完成后切换到"节目监视器"面板观看效果，如图 5-22 所示。

图 5-21

图 5-22

CHAPTER 01
CHAPTER 02
CHAPTER 03
CHAPTER 04
CHAPTER 05

STEP 03 用同样的方法在 00:00:03:00 处添加第二个关键帧,设置参数如图 5-23 所示。

STEP 04 设置完成后切换到"节目监视器"面板观看效果,如图 5-24 所示。

图 5-23　　　　　　　　　　　　　　图 5-24

9. 新建字幕并设置字幕属性

STEP 01 在"项目"面板的工具栏中单击"新建分项"按钮,在弹出的菜单中执行"字幕"命令,如图 5-25 所示。

STEP 02 在打开的"新建字幕"对话框中,设置字幕的"宽""高""像素纵横比"等参数,如图 5-26 所示。

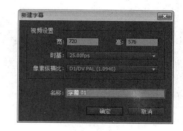

图 5-25　　　　　　　　　　　　　　图 5-26

STEP 03 在"字幕工具"面板中选择"输入"工具,进入文本输入状态后输入文本,字幕效果如图 5-27 所示。

STEP 04 打开"字幕属性"面板,设置"变换"和"属性"相关参数,如图 5-28 所示。

图 5-27　　　　　　　　　　　　　　图 5-28

STEP **05** 在"字幕属性"面板中展开"填充"栏，选择材质并设置参数，如图 5-29 所示。

STEP **06** 在"字幕属性"面板中展开"阴影"栏，设置参数，如图 5-30 所示。

图 5-29

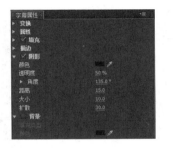

图 5-30

STEP **07** 设置完成后关闭"字幕设计器"面板，将"字幕 01"添加到"视频 3"轨道上，如图 5-31 所示。

STEP **08** 在"节目监视器"面板即可观看字幕效果，如图 5-32 所示。

图 5-31

图 5-32

10. 添加"裁剪"特效并设置关键帧动画

STEP **01** 在"效果"面板中，依次打开"视频特效 > 变换"卷展栏，选择"裁剪"视频特效，如图 5-33 所示。

STEP **02** 将时间指示器拖至 00:00:02:00 处，切换至"特效控制台"面板，给"裁剪"特效添加第一个关键帧，设置参数如图 5-34 所示。

图 5-33

图 5-34

CHAPTER 01

CHAPTER 02

CHAPTER 03

CHAPTER 04

CHAPTER 05

STEP **03** 将时间指示器拖至 00:00:04:00 处，给"裁剪"特效添加第二个关键帧，设置参数如图 5-35 所示。

STEP **04** 设置完成后即可在"节目监视器"面板中预览效果，如图 5-36 所示。

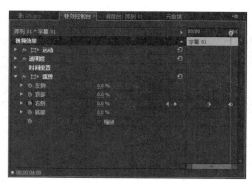

图 5-35

图 5-36

11．保存项目并预览效果

STEP **01** 执行"文件＞保存"命令，对当前编辑项目进行保存，如图 5-37 所示。

STEP **02** 在"节目监视器"面板即可观看动画效果，如图 5-38 所示。

图 5-37

图 5-38

【听我讲】

5.1　视频特效概述

在 Premiere Pro 中，系统自带了许多视频特效，应用这些特效能对原始素材进行调整，本节将对 Premiere Pro 系统内置视频特效的分类、如何为素材添加系统内置视频特效及如何控制添加的视频特效等，这些有关视频特效应用方面的知识进行介绍。

5.1.1　内置视频特效

作为一款非常出色的视频编辑软件，Premiere Pro 为用户提供了大量的内置视频特效。在 Premiere Pro 中，系统内置的视频特效分为"调整"组、"模糊与锐化"组、"色彩校正"组、"键控"组等 16 个视频特效组，如图 5-39 所示。在此将对使用最频繁的几个组进行介绍。

图 5-39

1．"图像控制"组

"图像控制"组主要是通过各种方法对图像中的特定颜色进行处理，从而制作出特殊的视觉效果。该组包含了"灰度系数（Gamma）校正""色彩传递""颜色平衡""颜色替换""黑白"等 5 种视频特效，如图 5-40 所示。

2．"扭曲"组

"扭曲"组的特效是较常使用的视频特效，主要通过对图像进行几何扭曲变形来制作各种各样的画面变形效果。该组主要包含"偏移""变换""弯曲""放大""旋转扭曲""波形弯曲""球面化""紊乱置换""边角固定"等 11 种视频特效，如图 5-41 所示。

图 5-40

图 5-41

3．"调整"组

"调整"组中一共包含了9种特效，是使用非常普遍的一类特效。这类特效可以调整素材的颜色、亮度、质感等，实际应用中主要用于修复原始素材的偏色及曝光不足等方面的缺陷，也可以通过调整素材的颜色或者亮度来制作特殊的色彩效果。"调整"组如图5-42所示。

4．"透视"组

"透视"组中包含了"基本 3D""投影""斜角边""径向阴影""斜面 Alpha"等5种视频特效，这些视频特效主要用于制作三维立体效果和空间效果。"透视"组如图5-43所示。

图 5—42   图 5—43

5．"通道"组

"通道"组中包含了7种视频特效，这些视频特效主要是通过图像通道的转换与插入等方式改变图像，以制作出各种特殊效果。"通道"组如图5-44所示。

6．"颜色校正"组

Premiere Pro 对"颜色校正"组特效进行了优化与调整，"颜色校正"组中包含了"亮度与对比度""分色"等18种视频特效，如图4-45所示。

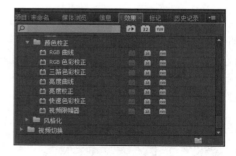

图 5—44   图 5—45

5.1.2 外挂视频特效

Premiere Pro 还支持很多第三方外挂视频特效，借助这些外挂视频特效，用户能制作出 Premiere Pro 自身不易制作或者无法实现的某些特效，从而为影片增加更多的艺术效果。

应用于 Premiere Pro 的外挂视频特效，一般都会单独生成一个视频特效组，在该组中将列出安装的视频特效插件，如图 5-46 所示。

图 5-46

Final Effects 系列包含的插件较多，其中比较著名的是用于制作雨雪特效的 FEC Rain（FEC 雨）和 FEC Snow（FEC 雪）插件，其控制方法较为简单，但制作出的雨雪效果非常真实，是当前制作雨雪效果的最佳工具之一。

1．FEC Rain（FEC 雨）

"FEC Rain（FEC 雨）"是 Final Effects 系列插件中使用比较简单但又使用十分频繁的一种视频特效，用于模拟下雨的效果。FEC Rain 视频特效的参数如图 5-47 所示。

图 5-47

1）Rain Amount（雨数量）

Rain Amount（雨数量）用于控制单位时间内产生雨的数量。默认参数为 300，其取值范围为 0 ～ 1000。该参数值越大，画面中雨的数量就越多。默认参数下雨数量的效果如图 5-48 所示；将该参数的值设置为 1000 时，画面效果如图 5-49 所示。

2）Rain Speed（雨速度）

Rain Speed（雨速度）参数用于控制雨的运动速度。该参数的取值范围为 0.5 ～ 2。该参数值越大，雨滴下落的速度也就越快。不同参数值下，画面对比效果如图 5-50 和图 5-51 所示。

3）Rain Angle（雨角度）

Rain Angle（雨角度）参数用于控制雨的角度。默认参数值为 10，画面效果如图 5-52

所示。用户可通过调整该参数值，来控制雨的方向。调整该参数值为 50 后，画面效果如图 5-53 所示。

图 5-48

图 5-49

图 5-50

图 5-51

图 5-52

图 5-53

2．FEC Snow（FEC 雪）

FEC Snow（FEC 雪）视频特效是 Final Effects 系列插件中用于模拟下雪效果的视频特效插件，其参数控制面板如图 5-54 所示。

1）Snow Amount（雪数量）

Snow Amount（雪数量）参数用于控制雪的数量，该参数值越大，画面中雪的数量就越多。默认 Snow Amount（雪数量）参数为 300 时，画面效果如图 5-55 所示；增大该参数为 1000 后，画面效果如图 5-56 所示。

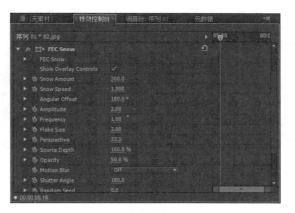

图 5-54

图 5-55

图 5-56

2) Flake Size（雪片大小）

Flake Size（雪片大小）参数用于控制雪粒子的大小。默认参数为 2，取值范围为 0 ~ 50。该参数值越大，画面中雪粒子也就越大。不同 Flake Size（雪片大小）参数下画面对比效果如图 5-57、图 5-58 所示。

图 5-57

图 5-58

3) Frequency（频率）

Frequency（频率）参数用于控制雪在水平方向上左右移动的频率。默认参数值为 1，取值范围为 0 ~ 50。不同 Frequency（频率）参数下，下雪对比效果如图 5-59、图 5-60 所示。

CHAPTER 01 CHAPTER 02 CHAPTER 03 CHAPTER 04 CHAPTER 05

Adobe Premiere Pro CS6

影视编辑设计与制作案例技能实训教程

CHAPTER 01

CHAPTER 02

CHAPTER 03

CHAPTER 04

CHAPTER 05

图 5-59　　　　　　　　　　　　　　图 5-60

5.1.3　视频特效参数设置

　　在了解了 Premiere 的内置视频特效分类概况之后，下面继续向读者介绍如何为素材应用这些内置的视频特效。为素材应用视频特效前后画面的对比效果如图 5-61、图 5-62 所示。

图 5-61　　　　　　　　　　　　　　图 5-62

　　STEP 01 将"03.jpg"素材插入到"时间线"面板之后，在"效果"面板中依次选择"视频效果>风格化>查找边缘"视频特效并拖动到"时间线"面板中的素材上，如图 5-63 所示，

　　STEP 02 打开"效果"面板，展开添加的视频特效卷展栏，设置相应参数，如图 5-64 所示。

图 5-63　　　　　　　　　　　　　　图 5-64

5.2　关键帧特效的应用

在 Premiere Pro 中，可以通过为素材剪辑的位置、缩放、旋转、不透明度以及音量等基本属性创建关键帧以制作动画效果，得到基本的运动变化效果。本节就为读者详细讲解关键帧制作特效的应用。

1）移动

素材剪辑中，对象位置的移动是基本的特效应用，可以通过在"效果"面板中修改"位置"选项，在不同的位置创建关键帧并修改参数来实现。设置完成后可在"节目监视器"窗口观看运动路径变化。

2）缩放

通过在"效果"面板中为"缩放"选项，在不同的位置创建关键帧并修改参数，可以实现视频大小变化的效果。

3）旋转

通过"效果"面板中为"旋转"选项，在不同的位置创建关键帧并修改参数，可以实现视频运动变化的效果。

4）不透明度

在影视编辑工作中，可以制作图像在影片中显示或消失、渐隐渐现的效果。

5）闪烁

显示在隔行扫描显示器（如许多电视屏幕）上时，图像中的细线和锐利边缘有时会闪烁。

绘图技能

"防闪烁滤镜"控件可以减少甚至消除这种闪烁。随着其强度的增加，将消除更多的闪烁，但是图像也会变淡。对于具有大量锐利边缘和高对比度的图像，可能需要将其设置得相对较高。

关键帧的运用在影视节目制作中十分重要，下面将通过制作足球飞走的动画效果，为读者详细讲解关键帧动画的制作要点。

1．新建项目和序列

STEP 01 新建项目，在弹出的"新建项目"对话框中设置名称、保存位置等参数，如图 5-65 所示。

STEP 02 在弹出的"新建序列"对话框中设置项目序列参数，如图 5-66 所示。

2．导入素材并插入"时间线"面板

STEP 01 在"项目"面板中双击，在弹出的素材文件夹中选择所需的素材，如图 5-67 所示。

STEP 02 单击"打开"按钮，即可将素材导入到"项目"面板中，如图 5-68 所示。

图 5—65　　　　　　　　　　　　　图 5—66

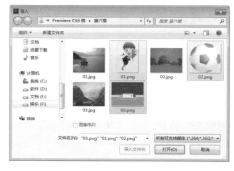

图 5—67

图 5—68

STEP **03** 将"项目"面板中的"03.png"素材插入到"时间线"面板中，如图 5-69 所示。

STEP **04** 打开"节目监视器"面板，在该面板中浏览图像素材，如图 5-70 所示。

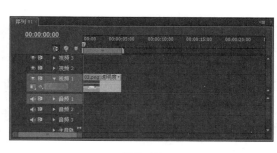

图 5—69

图 5—70

3．添加素材并设置属性参数

STEP **01** 将"项目"面板中的"01.png"素材插入"视频 2"轨道上，如图 5-71 所示。

STEP **02** 打开"节目监视器"面板，在该面板中浏览图像素材，如图 5-72 所示。

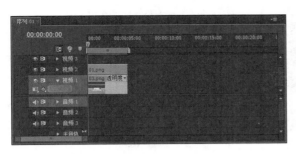

图 5—71   图 5—72

STEP 03 切换到"特效控制台"面板，设置相关属性参数，如图 5-73 所示。

STEP 04 打开"节目监视器"面板，在该面板中浏览图像素材，如图 5-74 所示。

图 5—73   图 5—74

STEP 05 将"项目"面板中的"02.png"素材插入"视频 3"轨道上，如图 5-75 所示。

STEP 06 切换到"特效控制台"面板，设置相关属性参数，如图 5-76 所示。

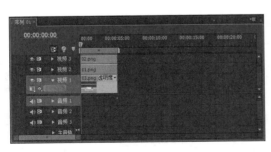

图 5—75   图 5—76

4．添加关键帧

STEP 01 设置完成后，即可在"节目监视器"面板中预览效果，如图 5-77 所示。

STEP 02 在"特效控制台"面板中，单击"位置"和"缩放"前的"切换动画"按钮，添加关键帧，设置相关参数，如图 5-78 所示。

图 5-77

图 5-78

STEP 03 设置"位置"为（220，300），"缩放"为20，如图 5-79 所示。

STEP 04 将时间指示器拖动到 00:00:03:00 处，添加第二个关键帧，设置"位置"和"缩放"参数，如图 5-80 所示。

图 5-79

图 5-80

STEP 05 切换至"节目监视器"面板，可以观看视频效果，如图 5-81 所示。

STEP 06 用同样的方法在 00:00:04:24 处添加一个关键帧，设置"位置"和"缩放"参数，如图 5-82 所示。

图 5-81

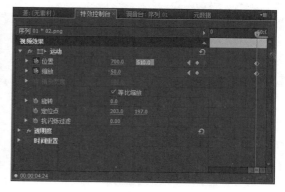

图 5-82

5. 保存编辑项目并预览

STEP **01** 执行"文件＞保存"命令，保存当前编辑项目，如图 5-83 所示。

STEP **02** 完成上述操作之后，即可在"节目监视器"面板预览过渡效果，如图 5-84 所示。

图 5-83

图 5-84

5.3 视频效果的应用

视频效果是 Premiere Pro 在影视节目编辑方面的一大特色，可以应用在图像、视频以及字幕等对象上，通过参数设置以及创建关键帧动画等操作，可以得到丰富的视觉变化效果。本节向读者详细介绍 Premiere Pro 包含的视频效果及其应用。

5.3.1 变换

"变换"组的视频效果可以使图像产生二维或是三维的效果。该特效组中包含"垂直保持""垂直翻转""摄像机视图""水平保持""水平翻转""羽化边缘"和"裁剪"等 7 种效果，下面将对这 7 种变换效果进行详细介绍。

● "垂直保持"效果：用于使整个画面产生向上滚动的效果。

● "垂直翻转"效果：用于将画面沿水平中心翻转 180°。

● "摄像机视图"效果：用于模仿摄像机的视角范围，以表现从不同角度拍摄的效果。

● "水平保持"效果：用于使画面产生在垂直方向上倾斜的效果。

● "水平翻转"效果：用于将画面沿垂直中心翻转 180°。

● "羽化边缘"效果：用于在画面周围产生像素羽化的效果。

● "裁剪"效果：用于对素材进行边缘裁剪。

应用"水平翻转"视频特效前后画面的对比效果如图 5-85、图 5-86 所示。

 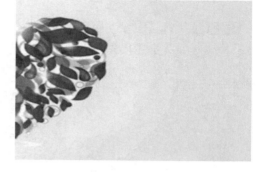

图 5-85   图 5-86

5.3.2　图像控制

　　"图像控制"组主要是通过各种方法对图像中的特定颜色进行处理，从而制作出特殊的视觉效果。该组中包括"灰度系数校正""色彩传递""颜色平衡""颜色替换"和"黑白"等 5 种效果，下面将对这 5 种图像控制特效进行详细介绍。

- "灰度系数校正"效果：通过调整"灰度系数"参数的值，可以在不改变图像高亮区域的情况下使图像变亮或变暗。
- "色彩传递"效果：通过该视频特效能过滤掉图像中除指定颜色之外的其他颜色，即图像中只保留指定的颜色，其他颜色以灰度模式显示。
- "颜色平衡"效果：通过单独改变画面中像素的 RGB 值来调整图像的颜色。
- "颜色替换"效果：通过该视频特效能将图像中指定的颜色替换为另一种指定颜色，而其他颜色保持不变。
- "黑白"效果：该视频特效能忽略图像的颜色信息，将彩色图像转换为黑白灰度模式的图像。

应用"颜色替换"视频特效前后画面的对比效果如图 5-87、图 5-88 所示。

图 5-87   图 5-88

　　在影视节目制作中，怀旧老照片效果也是一种常见的效果。下面将运用"灰度系数校正"和"黑白"视频特效为读者讲解"图像控制"组视频特效的运用。

1．新建项目和序列

STEP 01 新建项目，在弹出的"新建项目"对话框中设置名称、保存位置等参数，如图 5-89 所示。

STEP 02 在弹出的"新建序列"对话框中设置项目序列参数，如图 5-90 所示。

图 5-89

图 5-90

2．导入素材

STEP 01 在"项目"面板中双击，在弹出的素材文件夹中选择所需的素材，如图 5-91 所示。

STEP 02 单击"打开"按钮，即可将素材导入到"项目"面板中，如图 5-92 所示。

图 5-91

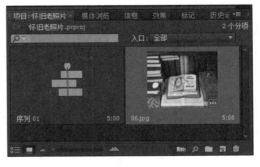
图 5-92

3．插入时间轴中并设置属性参数

STEP 01 将"项目"面板中的"06.jpg"素材插入到"视频1"轨道上，如图 5-93 所示。

STEP 02 打开"节目监视器"面板，在该面板中浏览图像素材，如图 5-94 所示。

Adobe Premiere Pro CS6
影视编辑设计与制作案例技能实训教程

CHAPTER 01

CHAPTER 02

CHAPTER 03

CHAPTER 04

CHAPTER 05

图 5-93

图 5-94

STEP 03 切换到"特效控制台"面板，设置相关属性参数，如图 5-95 所示。

STEP 04 打开"节目监视器"面板，在该面板中浏览图像素材，如图 5-96 所示。

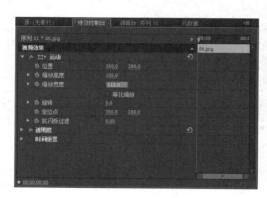

图 5-95

图 5-96

4. 添加"灰度系数校正"视频特效

STEP 01 在"效果"面板中，依次打开"视频特效 > 图像控制"卷展栏，选择"灰度系数（Gamma）校正"视频特效，如图 5-97 所示。

STEP 02 把"灰度系数校正"视频特效添加到"06.jpg"素材上后，即可在"节目监视器"面板中浏览视频效果，如图 5-98 所示。

图 5-97

图 5-98

5．设置视频特效参数

STEP 01 在"特效控制台"面板中设置视频特效的"灰度系数（Gamma）"参数，如图 5-99 所示。

STEP 02 完成上述操作后，打开"节目监视器"面板浏览画面效果，如图 5-100 所示。

图 5-99

图 5-100

6．添加"黑白"视频特效

STEP 01 在"效果"面板中，依次打开"视频特效 > 图像控制"卷展栏，选择"黑白"视频特效，如图 5-101 所示。

STEP 02 把"黑白"视频特效添加到"06.jpg.jpg"素材上后，打开"节目监视器"面板观看视频效果，如图 5-102 所示。

图 5-101

图 5-102

7．保存编辑项目

执行"文件 > 存储"命令，对当前编辑项目进行保存。

5.3.3 实用

"实用"组中只提供了"Cineon 转换"效果，能够实现转换 Cineon 文件中的颜色效果。将运动图片电影转换成数字电影时，经常会使用该特效。

应用"Cineon 转换"视频特效前后画面的对比效果如图 5-103、图 5-104 所示。

图 5-103   图 5-104

5.3.4   扭曲

"扭曲"组的特效是较常使用的视频特效，主要通过对图像进行几何扭曲变形来制作各种各样的画面变形效果。该组中包含"偏移""变换""弯曲""放大""旋转扭曲""波形弯曲""球面化""紊乱置换""边角固定""镜像""镜头扭曲"等 11 种效果，下面将对这 11 种特效进行详细介绍。

- "偏移"效果：用于根据设置的偏移量对图像进行水平或垂直方向上的位移，移出的图像将在对应方向显示。
- "变换"效果：用于使影片画面在水平或垂直方向上产生弯曲变形的效果。
- "弯曲"效果：用于使图像在水平或者垂直方向上产生弯曲效果。
- "放大"效果：用于模拟放大镜放大图像中的某一部分。
- "旋转扭曲"效果：用于使图像产生沿中心轴旋转的效果。
- "波形弯曲"效果：该视频特效类似于"弯曲"特效，可以设置波纹的形状、方向及宽度。
- "球面化"效果：用于将图像的局部区域进行变形，从而产生类似于鱼眼的变形效果。
- "紊乱置换"效果：用于对图像进行多种方式的扭曲变形。
- "边角固定"效果：通过改变图像 4 个边角的位置，使图像产生扭曲效果。
- "镜像"效果：用于将图层沿着指定的分割线分隔开，从而产生镜像效果。反射的中心点和角度可以任意设定，该参数决定了图像中镜像的部分以及反射出现的中心位置。
- "镜头扭曲"效果：用于使图像沿水平和垂直方向产生扭曲，用以模仿透过曲面透镜观察对象的扭曲效果。

操作技能

实现动态旋涡效果：在为素材添加了"旋转"视频特效后，在"效果控件"面板中为视频特效参数添加动画关键帧，即可实现动态旋涡效果。

应用"球面化"视频特效前后画面的对比效果如图 5-105、图 5-106 所示。

图 5-105　　　　　　　　　　　　图 5-106

5.3.5　时间

　　"时间"组的视频效果主要与选中素材的各个帧息息相关。该特效组中主要包含了"抽帧"和"重影"两种特效，下面将对这两种时间效果进行详细介绍。

- "抽帧"效果：用于改变图像画面的色彩层次数量。
- "重影"效果：用于将动态素材中前几帧的图像以半透明的形式覆盖在当前帧上。应用"重影"视频特效前后画面的对比效果如图 5-107、图 5-108 所示。

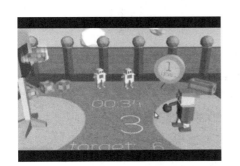

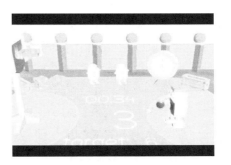

图 5-107　　　　　　　　　　　　图 5-108

5.3.6　杂波与颗粒

　　"杂波与颗粒"组的视频效果主要用于对图像进行柔和处理，去除图像中的噪点，或在图像上添加杂色效果。该特效组中主要包含了"中值""杂波""杂波 Alpha""杂波 HLS""灰尘与划痕""自动杂波 HLS"等 6 种特效，下面将对这 6 种杂波与颗粒效果进行详细介绍。

- "中值"效果：用于将图像上的每一个像素都用它周围像素的 RGB 平衡值来代替。
- "杂波"效果：用于在画面上添加模拟的噪点效果。
- "杂波 Alpha"效果：用于在图像的 Alpha 通道上生成杂色。
- "杂波 HLS"效果：用于在图像中生成杂色效果后，对杂色噪点的亮度、色调及饱和度进行设置。
- "灰尘与划痕"效果：用于在图像中生成类似灰尘的杂色噪点效果。

- "自动杂波 HLS"效果：用于设置"杂色动画速度"，从而得到不同的杂色噪点以不同速度运动的动画效果。

应用"杂波 HLS"视频特效前后画面的对比效果如图 5-109、图 5-110 所示。

图 5-109　　　　　图 5-110

5.3.7　模糊与锐化

"模糊与锐化"组的视频效果主要用于调整画面的模糊和锐化效果。该特效组中包含了"快速模糊""摄像机模糊""方向模糊""残像""消除锯齿""混合模糊""通道模糊""锐化""非锐化遮罩""高斯模糊"等 10 个效果，下面将对这 10 种模糊与锐化效果进行详细介绍。

- "快速模糊"效果：用于直接生成简单的图像模糊效果。
- "摄像机模糊"效果：用于使图像产生类似相机拍摄时没有对准焦距的"虚焦"效果。
- "方向模糊"效果：用于使图像产生指定方向的模糊，类似运动模糊效果。
- "残像"效果：用于将前面帧的图像区域层叠在一个帧上。
- "消除锯齿"效果：用于使图像中的成片色彩像素的边缘变得更加柔和。
- "混合模糊"效果：用于使素材图像产生柔和模糊的效果。
- "通道模糊"效果：用于对素材图像的红、绿、蓝或是 Alpha 通道单独进行模糊。
- "锐化"效果：用于增强相邻像素间的对比度，使图像变得更清晰。
- "非锐化遮罩"效果：用于调整图像的色彩锐化程度。
- "高斯模糊"效果：用于大幅度地模糊图像，使图像产生不同程度虚化效果。

应用"高斯模糊"视频特效前后画面的对比效果如图 5-111、图 5-112 所示。

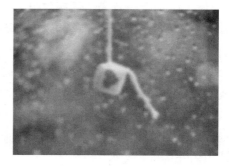

图 5-111　　　　　图 5-112

5.3.8 生成

"生成"组的视频效果主要是对光和填充色的处理应用，可以使画面看起来具有光感和动感。该特效组中主要包含了"书写""吸色管填充""四色渐变""圆""棋盘""椭圆""油漆桶""渐变""网格""蜂巢图案""镜头光晕""闪电"等12种特效，下面将对这12种生成效果进行详细介绍。

- "书写"效果：用于在图像上创建画笔运动的关键帧动画并记录运动路径，模拟出书写绘画效果。
- "吸色管填充"效果：可以提取采样坐标点的颜色来填充整个画面，通过设置原始图像的混合度，得到整体画面的偏色效果。
- "四色渐变"效果：用于设置4种互相渐变的颜色来填充图像。
- "圆"效果：用于在图像上创建一个自定义的圆形或圆环。
- "棋盘"效果：用于在图像上创建一种棋盘格的图案效果。
- "椭圆"效果：用于在图像上创建一个椭圆形的光圈图案效果。
- "油漆桶"效果：用于将图像上指定区域的颜色替换成另外一种颜色。
- "渐变"效果：用于在图像上叠加一个双色渐变填充的蒙版。
- "网格"效果：用于在图像上创建自定义的网格效果。
- "蜂巢图案"效果：用于在图像上模拟生成不规则的蜂巢效果。
- "镜头光晕"效果：用于在图像上模拟出相机镜头拍摄的强光折射效果。
- "闪电"效果：用于在图像上产生类似闪电或电火花的光电效果。

应用"镜头光晕"视频特效前后画面的对比效果如图5-113、图5-114所示。

图5-113

图5-114

在影视节目制作中，使用"网格"特效可以制作出网格效果。下面通过运用"网格"视频特效制作动画，为读者介绍"生成"组视频特效的运用。

1．新建项目和序列

STEP 01 新建项目，在弹出的"新建项目"对话框中设置名称、保存位置等参数，如图5-115所示。

STEP **02** 在弹出的"新建序列"对话框中设置项目序列参数，如图 5-116 所示。

图 5-115　　　　　　　　　　　　　　　　　　　　图 5-116

2．导入素材

STEP **01** 在"项目"面板中双击，在弹出的素材文件夹中选择所需的素材，如图 5-117 所示。

STEP **02** 单击"打开"按钮，即可将素材导入到"项目"面板中，如图 5-118 所示。

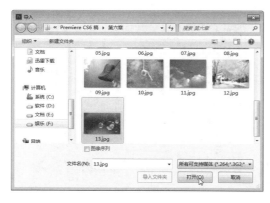 

图 5-117　　　　　　　　　　　　　　　　　　　　图 5-118

3．插入时间轴中并设置属性参数

STEP **01** 将"项目"面板中的"13.jpg"素材插入到"视频 1"轨道上，如图 5-119 所示。

STEP **02** 打开"节目监视器"面板，在该面板中浏览图像素材，如图 5-120 所示。

STEP **03** 切换到"特效控制台"面板，设置相关属性参数，如图 5-121 所示。

STEP **04** 打开"节目监视器"面板，在该面板中浏览图像素材，如图 5-122 所示。

图 5-119

图 5-120

图 5-121

图 5-122

4．添加"网格"视频特效

STEP 01 在"效果"面板中，依次打开"视频特效＞生成"卷展栏，选择"网格"视频特效，如图 5-123 所示。

STEP 02 把"网格"视频特效添加到"13.jpg"素材上后，即可在"节目监视器"面板中浏览视频效果，如图 5-124 所示。

图 5-123

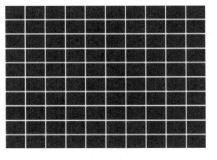

图 5-124

5．设置视频特效参数

STEP 01 切换到"特效控制台"面板，设置视频特效的参数，如图 5-125 所示。

STEP 02 打开"节目监视器"面板，可以看到添加"网格"特效后的素材效果，如图 5-126 所示。

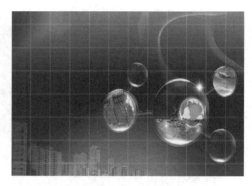

图 5-125

图 5-126

6. 设置"网格"特效关键帧

STEP 01 打开"特效控制台"面板,在开始处为"网格"特效添加第一个关键帧,设置定位点为(300,200),如图 5-127 所示。

STEP 02 设置完成后切换到"节目监视器"面板观看效果,如图 5-128 所示。

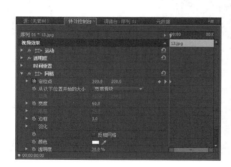

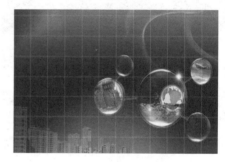

图 5-127

图 5-128

STEP 03 把时间指示器拖到 00:00:04:24 处,为"网格"特效添加第二个关键帧,设置位置为(700,200),如图 5-129 所示。

STEP 04 设置完成后切换到"节目监视器"面板观看效果,如图 5-130 所示。

图 5-129

图 5-130

7．保存和预览效果

STEP **01** 执行"文件＞保存"命令，保存当前编辑的项目，如图 5-131 所示。

STEP **02** 完成上述操作之后，即可在"节目监视器"面板中预览效果，如图 5-132 所示。

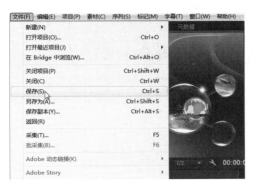

图 5-131

图 5-132

5.3.9　色彩校正

色彩校正组特效用于校正素材中的颜色，"色彩颜色校正"组中包含了"亮度与对比度""分色"等 9 种视频特效。下面将对 9 种色彩校正效果进行详细介绍。

- "亮度与对比度"效果：通过控制"亮度"和"对比度"两个参数调整画面的亮度和对比度效果。在设置该视频特效的参数时，要注意控制其参数，过高的参数容易使画面局部或者整体曝光过度。
- "分色"效果：通过保留设置的一种颜色，对其他颜色进行去色处理，以制作出画面中只有一种色彩的效果。
- "广播级颜色"效果：用于矫正广播级的颜色和亮度，使影视作品在电视机中进行精确地播放。
- "更改颜色"效果：通过调整指定颜色的色相，以制作出特殊的视觉效果。
- "染色"效果：用于对图像进行着色。
- "色彩平衡"效果：用于调整画面的色彩效果。
- "色彩平衡（HLS）"效果：用于分别对图像中的色相、亮度、饱和度进行增加或降低的调整，实现图像颜色的平衡校正。
- "转换颜色"效果：用于更改图像中指定的色相、饱和度和亮度等。
- "通道混合"效果：通过调整 RGB 各个通道中的 RGB 颜色参数控制画面的整体色彩效果。

应用"亮度和对比度"视频特效前后画面的对比效果如图 5-133、图 5-134 所示。

图 5-133　　　　　　　　　　　　　　　　　　图 5-134

5.3.10　视频

"视频"组中只包含"时间码"一个效果,用于合成序列中显示素材剪辑的时间码信息。应用"时间码"视频特效前后画面的对比效果如图 5-135、图 5-136 所示。

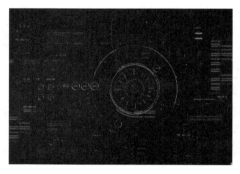 

图 5-135　　　　　　　　　　　　　　　　　　图 5-136

5.3.11　调整

该组中的特效用于调整素材的颜色、亮度、质感等,实际应用中主要用于修复原始素材的偏色及曝光不足等方面的缺陷,也可以通过调整素材的颜色或者亮度来制作特殊的色彩效果。该组中包含"卷积内核""基本信息控制""提取""照明效果""自动对比度""自动色阶""自动颜色""色阶""阴影/高光"等 9 种视频特效,下面将对这 9 种调整效果进行详细介绍。

- "卷积内核"效果:通过改变每一个像素的颜色和亮度值来改变图像的质感。
- "基本信号控制"效果:用于整体调节画面的亮度、对比度、色相,是视频编辑过程中较常使用的一种视频特效。
- "提取"效果:用于提取画面的颜色信息,通过控制像素的灰度值将图像转换为灰度模式显示。
- "照明效果"效果:用于在图像上添加灯光照射的效果。通过对灯光的类型、数量、光照强度等进行设置，模拟逼真的灯光效果。

- "自动对比度"效果：用于自动调节画面的对比度。若素材的曝光度不足，可使用该工具快速修复素材的缺陷。
- "自动色阶"效果：用于调整画面的颜色，实际应用中主要用于修复素材的偏色问题，也可以通过手动调节参数，制作特殊的画面效果。
- "自动颜色"效果：用于自动调节素材的各个通道的输入颜色级别范围，并重新映像到一个新的输出颜色级别范围，从而改变素材的图像质感，通过调节特效控制参数可实现特殊的效果。
- "色阶"效果：用于将图像的各个通道的输入颜色级别范围重新映像到一个新的输出颜色级别范围，从而改变画面的质感。
- "阴影／高光"效果：用于调整画面中高光区域及阴影区域的效果。

应用"自动色阶"视频特效前后画面的对比效果如图 5-137、图 5-138 所示。

图 5-137　　　　　　　　　　图 5-138

5.3.12　过渡

"过渡"视频特效组中包含了"块溶解""径向擦除""渐变擦除""百叶窗"和"线性擦除"等 5 种视频特效，这些视频特效主要用于制作三维立体效果和空间效果。下面将对这 5 种过渡效果进行详细介绍。

- "块溶解"效果：可以使素材消失在随机像素块中。
- "径向擦除"效果：可以利用圆形板擦除素材，而显示其下面的素材。
- "渐变擦除"效果：可以基于亮度值将素材与另一素材上的特效进行混合。
- "百叶窗"效果：可以擦除应用该特效的素材，并以条纹的形式显示其下面的素材。
- "线性擦除"效果：可以擦除使用该特效的素材，以便看到下方的素材。

应用"百叶窗"视频特效前后画面的对比效果如图 5-139、图 5-140 所示。

图 5-139

图 5-140

5.3.13　透视

"透视"视频特效组中包含了"基本 3D""径向阴影""投影""斜角边""斜角
Alpha"等 5 种视频特效，这些视频特效主要用于制作三维立体效果和空间效果。下面将
对这 5 种透视效果进行详细介绍。

- "基本 3D"效果：用于模拟平面图像在三维空间的运动效果。
- "径向阴影"效果：用于在指定位置产生的光源照射到图像上，在下层图像上投射出阴影的效果。
- "投影"效果：用于为素材添加阴影效果。
- "斜角边"效果：用于让图像的边界处产生一个类似于雕刻状的三维外观。该特效的边界为矩形形状，不带有矩形 Alpha 通道的图像不能产生符合要求的视觉效果。
- "斜角 Alpha"效果：用于使图像中的 Alpha 通道产生斜面效果。如果图像中没有保护 Alpha 通道，则直接在图像的边缘产生斜面效果。

应用"基本 3D"视频特效前后画面的对比效果如图 5-141、如图 5-142 所示。

图 5-141

图 5-142

提　示

　　"基本 3D"特效通过将图层在水平或者垂直轴向上旋转，且图像伴有灯光照射效果，使
图像产生光照效果。

5.3.14　通道

　　"通道"组中包含了"反转""纯色合成""复合算法""混合""算术""计算""设置遮罩"7种视频特效，这些视频特效主要是通过图像通道的转换与插入等方式改变图像，以制作出各种特殊效果。下面将对这7种通道效果进行详细介绍。

- "反转"效果：用于将预设的颜色作反色显示，使处理后的图像效果类似照片的底片，即通常所说的负片效果。
- "纯色合成"效果：用一种颜色作为当前图层的覆盖图层，通过改变叠加模式来实现特殊效果。
- "复合算法"效果：用数学运算的方式合成当前层和指定层的图像。
- "混合"效果：用于混合的参考图层，在利用不同的混合模式来变换图像的颜色通道，以制作出特殊的颜色效果。
- "算术"效果：用于对图像的色彩通道进行简单的数学运算，从而制作出特殊的颜色效果。
- "计算"效果：利用不同的计算方式改变图像的RGB通道，从而制作出特殊的颜色效果。
- "设置遮罩"效果：用于以当前层中的Alpha通道取代指定层中的Alpha通道，使之产生运动屏蔽的效果。

　　应用"混合"视频特效前后画面的对比效果如图5-143、图5-144所示。

图 5-143

图 5-144

操作技能

　　在使用"混合"视频特效时，需要设置与源素材混合的图层，如源素材位于"视频1"轨道上，则需要将除了"视频1"轨道的其他轨道定义为"混合"视频特效的混合通道。

5.3.15　键控

　　键控类视频效果主要用在两个重叠的素材图像上，从而产生各种叠加效果，以及清除图像中指定部分的内容形成抠像效果。该组中包含了 15 种键控效果，具体如下。

- "16 点无用信号遮罩"效果：通过在图像的每个边上安排 4 个控制点得到 16 个控制点，通过对每个点的位置修改编辑遮罩形状来改变图像的显示形状。
- "4 点无用信号遮罩"效果：通过在图像的 4 个角上安排控制点，通过对每个点的位置修改编辑遮罩形状来改变图像的显示形状。
- "8 点无用信号遮罩"效果：通过在图像的边缘上安排 8 个控制点，通过对每个点的位置修改编辑遮罩形状来改变图像的显示形状。
- "Alpha 调整"效果：用于将上层图像中的 Alpha 通道对下层图像设置遮罩叠加效果。
- "RGB 差异键"效果：用于将图像中指定的颜色清除，显示下层图像。
- "亮度键"效果：用于将生成图像中的灰度像素设置为透明，并且保持色度不变。
- "图像遮罩键"效果：用于选择外部素材作为遮罩，控制两个图层中图像的叠加效果。
- "差异遮罩键"效果：用于叠加两个图像中相互不同部分的纹理，保留对方的纹理颜色。
- "极致键"效果：用于将图像中的指定颜色范围生成遮罩，并通过参数设置对遮罩效果进行精细调整，得到需要的抠像效果。
- "移除遮罩"效果：用于清除图像遮罩边缘的白色或黑色残留，是对遮罩处理效果的辅助处理。
- "色度键"效果：用于将图像上的某种颜色及相似范围的颜色处理为透明，显示出下层的图像。适用于有纯色背景的画面抠像。
- "蓝屏键"效果：用于清除图像中的蓝色像素。在影视编辑工作中常用于进行蓝屏抠像。
- "轨道遮罩键"效果：用于只在素材特定区域内显示效果。
- "非红色键"效果：用于去除红色以外的其他颜色，即蓝色和绿色。
- "颜色键"效果：用于将图像中指定颜色的像素清除，是更常用的抠像特效。

应用"色度键"视频特效前后画面的对比效果如图 5-145、图 5-146 所示。

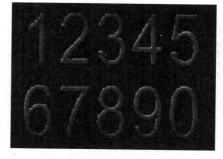

图 5-145　　　　　　　　　　　　　　　图 5-146

目前许多拍摄的用于后期合成的视频素材，都是在蓝色背景或者绿色背景下拍摄的。下面将通过制作本实例，向读者介绍蓝屏抠像视频特效的使用方法。

1．新建项目和序列

STEP 01 新建项目，在弹出的"新建项目"对话框中设置名称、保存位置等参数，如图 5-147 所示。

STEP 02 在弹出的"新建序列"对话框中设置项目序列参数，如图 5-148 所示。

图 5—147

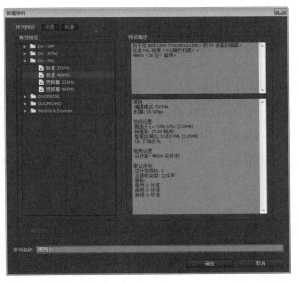

图 5—148

2．导入素材

STEP 01 在"项目"面板中双击，在弹出的素材文件夹中选择所需的素材，如图 5-149 所示。

STEP 02 单击"打开"按钮，即可将素材导入到"项目"面板中，如图 5-150 所示。

图 5—149

图 5—150

3．插入时间轴中并设置属性参数

STEP **01** 将"项目"面板中的"20.jpg"素材插入到"视频 1"轨道上，如图 5-151 所示。

STEP **02** 打开"节目监视器"面板，在该面板中浏览图像素材，如图 5-152 所示。

图 5-151

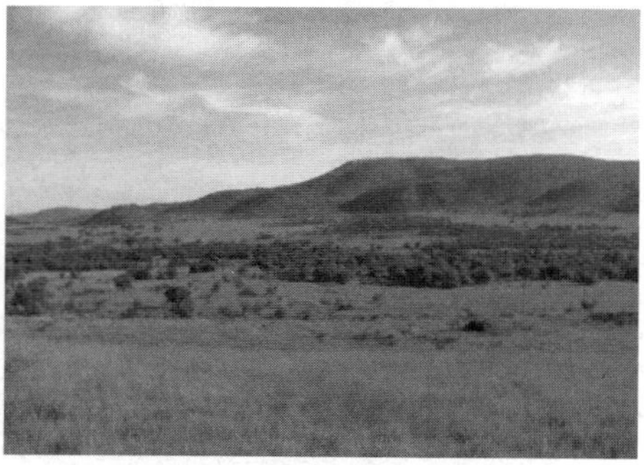

图 5-152

STEP **03** 用同样的方法将"21.jpg"素材插入到"视频 2"轨道上，如图 5-153 所示。

STEP **04** 打开"节目监视器"面板，在该面板中浏览图像素材，如图 5-154 所示。

图 5-153

图 5-154

STEP **05** 切换到"特效控制台"面板，设置相关属性参数，如图 5-155 所示。

STEP **06** 打开"节目监视器"面板，在该面板中浏览图像素材，如图 5-156 所示。

图 5-155

图 5-156

4．添加"颜色键"视频特效并设置参数

STEP 01 在"效果"面板中，依次打开"视频效果 > 键控"卷展栏，选择"颜色键"视频特效，如图 5-157 所示。

STEP 02 把"颜色键"视频特效添加"21.jpg"素材上之后，打开"特效控制台"面板，设置视频特效参数，如图 5-158 所示。

图 5-157

图 5-158

5．保存项目并预览效果

STEP 01 执行"文件 > 保存"命令，保存当前编辑的项目，如图 5-159 所示。

STEP 02 完成上述操作之后，即可在"节目监视器"面板中预览效果，如图 5-160 所示。

图 5-159

图 5-160

5.3.16　颜色校正

Premiere Pro 对"颜色校正"组的特效进行了优化与调整，"颜色校正"组中包含了"RGB 曲线""RGB 色彩校正""三路色彩校正""亮度曲线""亮度校正""快速色彩校正""视频限幅器"等 7 种视频特效。

下面将对这 7 种颜色校正效果进行详细介绍。

- "RGB 曲线"效果：通过控制曲线调整红色、绿色和蓝色通道中的数值，达到改变图像色彩的目的。
- "RGB 色彩校正"效果：通过修改 RGB 三个色彩通道的参数，达到改变图像色

Adobe Premiere Pro CS6 ▏▏▏▏▏▏▏▏▏▏▏▏

影视编辑设计与制作案例技能实训教程

CHAPTER 01

CHAPTER 02

CHAPTER 03

CHAPTER 04

CHAPTER 05

彩的目的。

- "三路色彩校正"效果：通过旋转阴影、中间调和高光 3 个控制色盘来调整颜色的平衡，并可以调节图像的色彩饱和度、色阶亮度。
- "亮度曲线"效果：通过调整亮度曲线实现对图像亮度的调整。
- "亮度校正"效果：用于对图像的亮度进行校正调整，可以增加或降低图像中的亮度。
- "快速色彩校正"效果：用于快速地修正图像的颜色。
- "视频限幅器"效果：利用视频限幅器对图像的颜色进行调整。

应用"亮度校正"视频特效前后画面的对比效果如图 5-161、图 5-162 所示。

图 5-161

图 5-162

5.3.17　风格化

"风格化"组中的视频效果主要用于对图像进行艺术风格的美化处理。该特效组中包含了 13 种效果，具体如下。

- "Alpha 辉光"效果：用于对含有 Alpha 通道的边缘向外生成单色或双色过渡的发光效果。
- "复制"效果：用于设置对图像画面的复制数量，复制得到的每个区域都将显示完整的画面效果。
- "彩色浮雕"效果：用于将图像画面处理成类似于浮雕的效果。
- "曝光过度"效果：用于将画面处理成类似于相机底片曝光的效果。
- "材质"效果：用于指定图层中的图像作为当前图像的浮雕纹理。
- "查找边缘"效果：用于对图像中颜色相同的成片像素以线条进行边缘勾勒。
- "浮雕"效果：用于在画面上产生浮雕效果，同时去掉原有的颜色。
- "笔触"效果：用于模拟画笔绘制的粗糙外观，得到类似油画的艺术效果。
- "色调分离"效果：用于将图像中的颜色信息减小，产生颜色的分离效果。
- "边缘粗糙"效果：用于将图像的边缘粗糙化，模拟边缘腐蚀的纹理效果。
- "闪光灯"效果：用于在素材剪辑的持续时间范围内，将指定间隔时间的帧画面上覆盖指定的颜色，从而使画面在播放过程中产生闪烁的效果。

● "阈值"效果：用于将图像变成黑白模式。通过设置"级别"参数，可以调整图像的转换程度。

● "马赛克"效果：用于在画面上产生马赛克效果，将画面分成若干个方格。

应用"查找边缘"视频特效前后画面的对比效果如图 5-163、图 5-164 所示。

 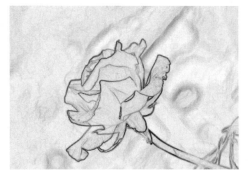

图 5-163　　　　　　　　　　　　　　　图 5-164

CHAPTER 01

CHAPTER 02

CHAPTER 03

CHAPTER 04

CHAPTER 05

165

【自己练】

项目练习 制作文字打印效果

🖥 项目背景

让文字出现打印效果非常吸引眼球，产生巨大的展示效果。通过 Premiere Pro CS6 可以很好地制作出打印效果。

🖥 项目要求

视频画面要简洁、醒目，利用视频特效制作出自然的文字打印效果，从而达到吸引注意力、增强展示效果的目的。

🖥 项目分析

使用"速度/持续时间"选项改变视频的持续时间；使用"裁剪"特效制作出逐行显示的效果；通过设置关键帧，制作出文字打印的效果。

🖥 项目效果

🖥 课时安排

2 课时。

第6章

制作交响乐
——音频剪辑详解

本章概述：

　　对一部完整的影片来讲，无论是同期的配音、后期的效果，还是背景音乐都是必不可少的角色。本章将着重介绍如何使用 Premiere Pro 为影视作品添加声音效果、进行音频剪辑等操作。通过对本章内容的学习，读者能够熟悉音频剪辑的理论知识，并能够熟练地应用。

要点难点：

调整音频播放速度　★☆☆
调节音频增益　★★☆
音频特效　★★☆

案例预览：

立体声　　　　　　　　　　　声音过渡效果

【跟我学】 制作出交响乐效果

作品描述：

在音频编辑操作中，可通过 Multiband Compressor（多频带压缩）特效为普通的音频制作出交响乐效果，增强音乐的感染氛围。下面介绍在 Premiere Pro 中为音频素材应用 Multiband Compressor（多频带压缩）音频特效的方法。

1. 新建项目并设置音频轨道参数

STEP 01 新建项目，在"新建序列"对话框的"常规"选项卡中设置项目序列参数，如图 6-1 所示。

STEP 02 切换到"轨道"选项卡，在该选项卡中设置轨道参数，如图 6-2 所示。

图 6-1   图 6-2

2. 导入素材并在"源监视器"面板中打开素材

STEP 01 将第 7 章文件夹中的"music.mp4"素材导入到"项目"面板中，如图 6-3 所示。

STEP 02 在"项目"面板中双击"music.mp4"素材，将其在"源监视器"面板中打开，如图 6-4 所示。

图 6-3

图 6-4

3．设置显示类型

STEP 01 在"源监视器"面板中单击"设置"按钮，在弹出的菜单中执行"音频波形"命令，如图6-5所示。

STEP 02 执行"音频波形"命令之后，"源监视器"面板中将只显示音频波形效果，如图6-6所示。

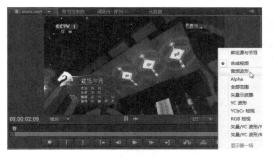

图 6-5　　　　　　　　　　　　　　　　　图 6-6

4．插入素材并选择混响音频特效

STEP 01 将素材插入到"时间线"面板中，在弹出的提示框中单击"更改序列设置"按钮，如图6-7所示。

STEP 02 完成上述操作后即可将素材插入到"时间线"面板中，如图6-8所示。

图 6-7　　　　　　　　　　　　　　　　　图 6-8

STEP 03 完成上述操作后即可在"节目监视器"面板中预览效果，如图6-9所示。

STEP 04 打开"效果"面板，在"音频特效"栏中选择 MultibandCompressor（多频带压缩）音频特效，如图6-10所示。

图 6-9　　　　　　　　　　　　　　　　　图 6-10

5. 设置混响音频特效参数

STEP 01 在为素材添加 MultibandCompressor（多频带压缩）音频特效后，打开"特效控制台"面板，将时间指示器拖至开始处，在"个别参数"栏添加关键帧，设置 MakeUp（弥补）为 0.4 dB，BandSelect（频带选择）为 LowBand（低频段），LowRatio（低比率）为 1.8 dB，如图 6-11 所示。

STEP 02 用同样的方法在 00:01:00:00 处添加第二个关键帧，设置 MakeUp（弥补）为 15.06 dB，BandSelect（频带选择）为 HighBand（高频段），LowRatio（低比率）为 6.06 dB，如图 6-12 所示。

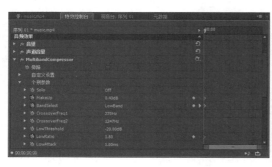
图 6-11

图 6-12

STEP 03 用同样的方法在 00:02:07:00 处添加第三个关键帧，设置 MakeUp（弥补）为 0 dB，BandSelect（频带选择）为 LowBand（低频段），LowRatio（低比率）为 1.8 dB，如图 6-13 所示。

STEP 04 完成上述操作后，即可在"节目监视器"面板中预览效果，如图 6-14 所示。

图 6-13

图 6-14

6. 设置导出参数

STEP 01 设置完成后，执行"文件＞导出＞媒体"命令，如图 6-15 所示。

STEP 02 在弹出的"导出设置"对话框中设置导出文件参数，如图 6-16 所示。

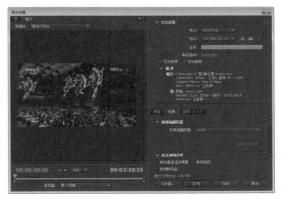

图 6-15　　　　　　　　　　　　　　　　图 6-16

7. 保存编辑项目

STEP 01 单击"确定"按钮，即可对当前项目进行输出，如图 6-17 所示。

STEP 02 完成上述操作之后，即可在"节目监视器"面板中播放，如图 6-18 所示。

图 6-17　　　　　　　　　　　　　　　　图 6-18

【听我讲】

6.1 音频的分类

在 Premiere Pro 中能够新建单声道、立体声和 5.1 声道 3 种类型的音频轨道，并且每种轨道只能添加相对应类型的音频素材。

1．单声道

单声道的音频素材只包含一个音轨，其录制技术是最早问世的音频制式，若使用双声道的扬声器播放单声道音频，则两个声道的声音完全相同。单声道音频素材在"源监视器"面板中的显示效果如图 6-19 所示。

2．立体声

立体声是在单声道的基础上发展起来的，该录音技术至今依然被广泛使用。在使用立体声录音技术录制音频时，使用左右两个单声道系统，将两个声道的音频信息分别记录，可以准确再现声源点的位置及其运动效果，其主要作用是能为声音定位。立体声音频素材在"源监视器"面板中的显示效果如图 6-20 所示。

图 6-19

图 6-20

3．5.1 声道

5.1 声道录音技术是美国杜比实验室在 1994 年发明的，因此该技术最早的名称即为杜比数码 Dolby Digital（俗称 AC-3）环绕声，主要应用于电影的音效系统，是 DVD 影片的标准音频格式。该系统采用高压缩的数码音频压缩系统，能在有限的范围内将 5+0.1 声道的音频数据全部记录在合理的频率带宽之内。5.1 声道包括左、右主声道，中置声道，右后、左后环绕声道以及一个独立的超重低音声道。由于超重低音声道仅提供 100 Hz 以下的超低音信号，该声道只被看成 0.1 个声道，因此杜比数码环绕声又简称 5.1 声道环绕声系统。

6.2　音频控制台

在诸多的影视编辑软件中，Premiere Pro 具有非常出色的音频控制能力，除了可在多个面板中使用多种方法编辑音频素材外，还为用户提供了专业的音频控制面板——"调音台"。

6.2.1　调音台

"调音台"面板可以实时混合序列面板中各轨道的音频对象，如图 6-21 所示。调音台由若干个轨道音频控制器、主音频控制器和播放控制器组成，每个控制器由控制按钮、调节滑块调节音频。通过该面板，用户可更直观地对多个轨道的音频进行添加特效、录制等操作。

下面将介绍"调音台"面板中的工具选项、控制方法及工具栏。

1）轨道名称

在该区域中，显示了当前编辑项目中所有音频轨道的名称。用户可以通过"调音台"面板随意对轨道名称进行编辑。

图 6—21

2）自动模式

在每个音频轨道名称的上面，都有一个"自动模式"按钮▼，单击该按钮，即可打开当前轨道的多种自动模式，如图 6-22 所示。"自动模式"可读取音频调节效果或实时记录音频调节，其中包括"关闭""读取""锁存""触动"和"写入"等选项，如图 6-23 所示。

图 6—22

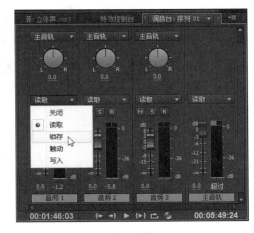

图 6—23

3）声道调节滑轮

在"自动模式"按钮上方，就是声道调节滑轮，该控件用于控制单声道中左右音量的大小。在使用声道调节滑轮调整声道左右音量的大小时，可以通过左右旋转控件及设置参数值等方式进行调整。

4）音量调节滑块

该控件用于控制单声道中总体音量的大小。每个轨道下都有一个音量控件，包括主音轨，如图 6-24 所示。

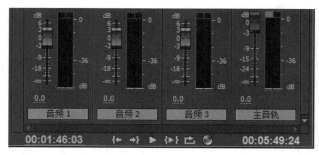

图 6-24

除了上面介绍的几个大的控件以外，"调音台"面板中还有几个体积较小的控件，如"静音音轨"按钮、"独奏轨"按钮和"启用轨道以进行录制"按钮等。

- "静音音轨"按钮用于控制当前轨道是否静音。在播放素材的过程中，单击该按钮，即可将当前音频静音，方便用户比较编辑效果。
- "独奏轨"按钮用于控制其他轨道是否静音。单击"独奏轨"按钮，其他未选中"独奏轨"按钮的轨道的音频会自动设置为静音，如图 6-25 所示。

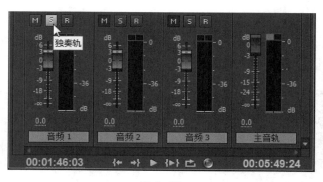

图 6-25

- "激活录制轨"按钮，可以利用输入设备将声音录制到目标轨道上。

6.2.2 音频关键帧

在"时间线"面板中，与创建关键帧有关的工具主要有"显示关键帧"按钮和"添加 - 移除关键帧"按钮。

1）"显示关键帧"按钮

"显示关键帧"按钮主要用于控制轨道中显示的关键帧类型。单击该按钮，即可打开关键帧类型，如图 6-26 所示。

2）"添加 - 移除关键帧"按钮

"添加 - 移除关键帧"按钮主要用于在轨道中添加或者移除关键帧，如图 6-27 所示

图 6—26

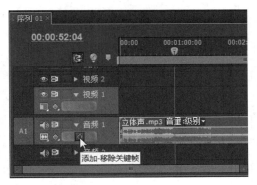

图 6—27

操作技能

添加与移除关键帧：在素材的某一位置，单击"添加 - 移除关键帧"按钮，即可添加一个关键帧；若再次在该时刻单击"添加 - 移除关键帧"按钮，可移除当前时刻的关键帧。

6.3 编辑音频

在 Premiere Pro 中，可以使用多种方法对音频素材进行编辑，下面将从调整音频播放速度、调整音频增益、添加音频过渡效果、转换音频类型 4 个方面，向读者介绍音频素材的编辑方法。

6.3.1 调整音频播放速度

在 Premiere Pro 中，用户同样可以像调整视频素材的播放速度一样，改变音频的播放速度，且可在多个面板中使用多种方法进行操作，在此将介绍通过执行"速度 / 持续时间"命令来调整播放速度。执行"速度 / 持续时间"命令可以通过以下几个途径进行。

1. 通过"项目"面板

在"项目"面板中执行"速度 / 持续时间"命令，首先需要在该面板中选择需要设置的素材，如图 6-28 所示。之后再右击，在弹出的快捷菜单中执行"速度 / 持续时间"命令即可，如图 6-29 所示。

图 6-28　　　　　　　　　　　　图 6-29

2. 通过"源监视器"面板

在"源监视器"面板中，要执行"速度/持续时间"命令，首先需要将要调整的音频素材在"源监视器"面板中打开，如图 6-30 所示。之后在"源监视器"面板的预览区中右击，在弹出的快捷菜单中执行"速度/持续时间"命令即可，如图 6-31 所示。

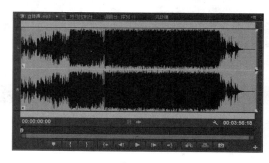

图 6-30　　　　　　　　　　　　图 6-31

3. 通过"时间线"面板

"时间线"面板是 Premiere Pro 中最主要的编辑面板，在该面板中可以按照时间顺序排列和连接各种素材、可以剪辑片段和叠加图层、设置动画关键帧和合成效果等。

在"时间线"面板中，执行"速度/持续时间"命令比较简单，首先需要将素材插入到"时间线"面板并选择素材，如图 6-32 所示。再右击，在弹出的快捷菜单中执行"速度/持续时间"命令即可，如图 6-33 所示。

图 6-32　　　　　　　　　　　　图 6-33

4. 使用菜单栏

"素材"菜单中的命令主要用于对素材文件进行常规的编辑操作，当然也包括"速

度 / 持续时间"命令。

在执行"速度 / 持续时间"命令之前，首先需要选择素材，如在"项目""源监视器""时间线"等面板中选择素材，之后再执行"素材>速度 / 持续时间"命令，如图 6-34 所示。

通过以上方法执行"速度 / 持续时间"命令之后，在弹出的"素材速度 / 持续时间"对话框中设置素材的播放速度，如图 6-35 所示。

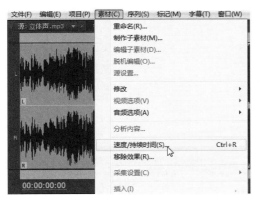

图 6-34

图 6-35

6.3.2 调整音频增益

音频增益是指音频信号电平的强弱，它直接影响音量的大小。若在"时间线"面板中有多条音频轨道且在多条轨道上都有音频素材文件，此时就需要平衡这几个音频轨道的增益。

下面将通过对浏览音频增益面板与调整音频增益强弱的命令的介绍，向读者讲解调整素材音频增益效果的方法。

1. 浏览音频增益面板

在 Premiere Pro 中，用于浏览音频素材增益强弱的面板是"主音频计量器"面板，该面板只能用于浏览，无法对素材进行编辑调整，如图 6-36 所示。

 操作技能

> 若需要突显某个轨道中的音频声音，可以增大该轨道中音频素材的增益，反之亦然；若同一轨道中有多个音频片段，就需要为其添加音频增益来平衡各个音频素材的音量，避免声音时大时小。

将音频素材插入到"时间线"面板，在"节目监视器"面板中播放音频素材时，在"主音频计量器"面板中，将以两个柱状来表示当前音频的增益强弱，如图 6-37 所示。若音频音量有超出安全范围的情况，柱状将显示为红色，如图 6-38 所示。

Adobe Premiere Pro CS6

影视编辑设计与制作案例技能实训教程

CHAPTER 06

CHAPTER 07

CHAPTER 08

CHAPTER 09

CHAPTER 10

图 6—36　　　　　　图 6—37　　　　　　图 6—38

操作技能

在主声道面板中播放素材的方法：打开"主音频计量器"面板后，按下空格键，即可在该面板中播放素材。

2．调节音频增益强弱的命令

调节音频增益强弱的命令主要指的是"音频增益"命令，在执行"素材 > 音频选项 > 音频增益"命令后，如图 6-39 所示，将打开如图 6-40 所示的"音频增益"对话框，从中进行相应的设置即可完成指定的操作。

图 6—39　　　　　　　　　　　　　　图 6—40

6.3.3　添加音频过渡效果

音频过渡效果与视频过渡效果相似，可用于添加在音频剪辑的头尾或相邻音频剪辑处，使音频产生淡入淡出效果。

在"效果"面板的"音频过渡"文件夹中，"交叉渐隐"文件夹中提供了"恒定功率""恒定增益"和"指数型淡入淡出"3 种音频过渡效果。除特殊制作要求外，在一段音频的开始和结束位置均需使用淡入淡出效果，以防止声音的突然出现和突然结束。未使用淡入淡出效果的音频素材的显示效果如图 6-41 所示；使用了淡入淡出效果的音频素材的显示效果如图 6-42 所示。

图 6-41

图 6-42

视频制作过程中，对于插入的音乐，在开始与结尾需要制作淡入淡出的效果。下面将通过制作音乐的淡入淡出效果来介绍该声音效果的实现方法。

1. 新建项目并设置音频轨道参数

(STEP 01) 新建项目，在弹出的"新建项目"对话框中设置名称、保存位置等参数，如图 6-43 所示。

(STEP 02) 在弹出的"新建序列"对话框中设置项目序列参数，如图 6-44 所示。

图 6-43

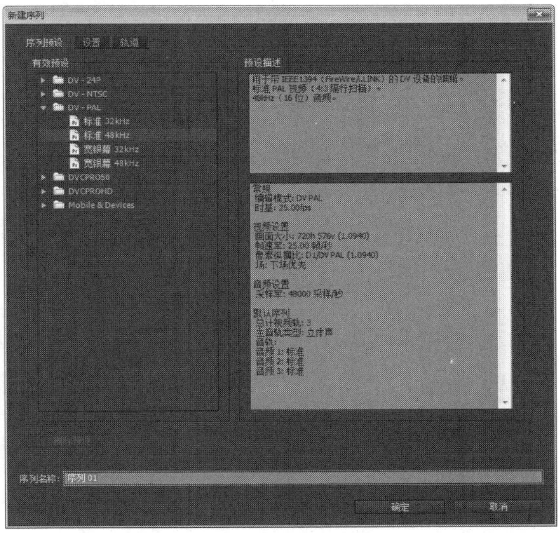

图 6-44

2. 素材的导入

(STEP 01) 在"项目"面板中双击，在弹出的素材文件夹中选择所需的"picture.jpg"和"02.mp3"素材，如图 6-45 所示。

(STEP 02) 单击"打开"按钮，即可将素材导入到"项目"面板中，如图 6-46 所示。

图 6-45　　　　　　　　　　　　　　图 6-46

3. 插入素材并设置时间长度

STEP 01 将"项目"面板中的"picture.jpg"和"02.mp3"素材插入到"时间线"面板中，如图 6-47 所示。

STEP 02 选择"picture.jpg"素材，并设置其时间长度与"02.mp3"素材相同，如图 6-48 所示。

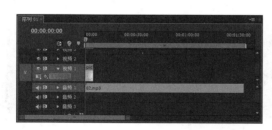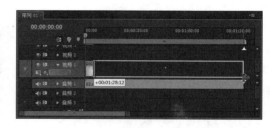

图 6-47　　　　　　　　　　　　　　图 6-48

4. 设置轨道关键帧显示类型并添加关键帧

STEP 01 完成上述操作后，即可在"时间线"面板中观看效果，如图 6-49 所示。

STEP 02 选择"02.mp3"素材，单击"显示关键帧"按钮，在弹出的菜单中选择"显示轨道关键帧"命令，如图 6-50 所示。

图 6-49　　　　　　　　　　　　　　图 6-50

STEP 03 将时间滑块拖动至素材的开始位置，单击"添加 - 移除关键帧"按钮，为素材添加一个关键帧，如图 6-51 所示。

STEP 04 在"时间线"面板中将时间滑块拖至 00:00:07:00 处，再次单击"添加 - 移除关键帧"按钮，添加一个关键帧，如图 6-52 所示。

图 6-51   图 6-52

5. 设置第一个关键帧位置并添加关键帧

STEP 01 在"02.mp3"音频素材所在的 A1 轨道的最左端，选择创建的第一个关键帧并单击，向下拖动鼠标，将第一个关键帧调整到最低位置，如图 6-53 所示。

STEP 02 用同样的方法将时间滑块拖动至 00:01:30:12 处，单击"添加 - 移除关键帧"按钮，为素材添加一个关键帧，如图 6-54 所示。

图 6-53   图 6-54

6. 添加关键帧并调整关键帧

STEP 01 在"时间线"面板中将时间滑块拖动至 00:01:26:12 处，单击"添加 - 移除关键帧"按钮，为素材添加一个关键帧，如图 6-55 所示。

STEP 02 选择最后一个关键帧，单击并向下拖动鼠标，将该关键帧调整到最低位置，如图 6-56 所示。

图 6-55   图 6-56

7. 导出视频并保存项目

STEP 01 执行"文件＞导出＞媒体"命令，如图 6-57 所示。

STEP 02 在弹出的"导出设置"对话框中设置导出文件参数，如图 6-58 所示。

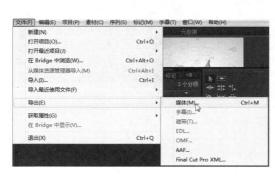

图 6-57　　　　　　　　　　　　　　　　图 6-58

STEP 03 完成上述操作后，单击"确定"按钮，将当前编辑项目导出，如图 6-59 所示。

STEP 04 执行"文件＞保存"命令，对当前的编辑项目进行保存，如图 6-60 所示。

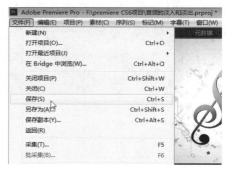

图 6-59　　　　　　　　　　　　　　　　图 6-60

操作技能

　　一种类型的音频只能添加到与其类型相同的音频轨道中，而音频轨道一旦创建就不可更改，因此在编辑音频过程中往往需要对音频的类型进行转换。

6.4　音频特效

　　在 Premiere Pro 中，不仅可以在视频图像上添加各种特效，同样也可以对声音添加各种特效。音频特效不仅可以应用于音频素材，还可以应用于音频轨道。本节将向读者介绍音频特效的分类和音频特效的使用方法。

- "多功能延迟"效果：延迟效果可以使音频剪辑产生回音效果，"多功能延迟"特效可以产生 4 层回音，可以通过参数设置，对每层回音发生的延迟时间与程度进行控制。

- Chorus 效果：Chorus（合唱）效果通过添加多个短延迟和少量反馈，模拟一次性播放的多种声音或乐器。结果将产生丰富动听的声音。可以使用 Chorus（合唱）效果来增强声轨或将立体声空间感添加到单声道音频中。

- DeNoiser 效果：DeNoiser（降噪）是比较常用的音频效果之一，可以用于自动探测音频中的噪声并将其消除。

- Dynamics 效果：Dynamics（编辑器）效果既可以使用自定义设置视图的图线控制器，又可以通过个别参数调整。

- EQ 效果：EQ（均衡器）类似于一个多变量均衡器，可以通过调整音频多个频段的频率、带宽以及电平，改变音频的音响效果，通常用于提升背景音乐的效果。

- "低通"效果："低通"效果用于删除高于指定频率界限的频率，使音频产生浑厚的低音音场效果。

- "低音"效果："低音"效果用于提升音频波形中低频部分的音量，使音频产生低音增强效果。

- PitchShifter 效果：PitchShifter（变调）效果用来调整音频的输入信号基调，使音频波形产生扭曲的效果，通常用于处理人物语言的声音，改变音频的播放音色。

- Reverb 效果：Reverb（回响）效果可以对音频素材模拟出在室内剧场中的音场回响效果，可以增强音乐的感染氛围。

- "平衡"效果："平衡"效果只能用于立体声音频素材，用于控制左右声道的相对音量。

- "使用右通道"效果："使用左声道"效果复制音频剪辑的右声道信息，并且将其放置在左声道中，丢弃原始剪辑的左声道信息。仅应用于立体声音频剪辑。

- "使用左通道"效果："使用左声道"效果复制音频剪辑的左声道信息，并且将其放置在右声道中，丢弃原始剪辑的右声道信息。仅应用于立体声音频剪辑。

- "互换声道"效果："互换声道"效果切换左右声道信息的位置。仅应用于立体声剪辑。

- "参数均衡"效果："参数均衡"效果增大或减小位于指定中心频率附近的频率。此效果适用于 5.1 声道、立体声或单声道剪辑。

- "反相"效果："反相"（音频）效果反转所有声道的相位。此效果适用于 5.1 声道、立体声或单声道剪辑。

- "声道音量"效果："声道音量"效果可用于独立控制立体声或 5.1 声道剪辑或轨道中的每条声道的音量。每条声道的音量级别以分贝衡量。

- "延迟"效果："延迟"效果添加音频剪辑声音的回声，用于在指定时间量之后播放。此效果适用于 5.1 声道、立体声或单声道剪辑。

Adobe Premiere Pro CS6
影视编辑设计与制作案例技能实训教程

CHAPTER 06

CHAPTER 07

CHAPTER 08

CHAPTER 09

CHAPTER 10

- "高通"效果："高通"效果用于删除低于指定频率界限的频率，使音频产生清脆的高音音场效果。
- "高音"效果："高音"效果用于提升音频波形中高频部分的音量，使音频产生高音增强效果。

6.4.1 PitchShifter 效果

视频制作过程中通常会通过使声音变调，从而达到生动有趣的效果。PitchShifter（变调）效果可以制作奇异音调的音频效果。此效果适用于 5.1 声道、立体声或单声道剪辑。下面将通过制作奇异音调效果向读者详细讲解 PitchShifter（变调）效果的运用方法。

1. 新建项目并设置音频轨道参数

STEP 01 新建项目，在弹出的"新建项目"对话框中设置名称、保存位置等参数，如图 6-61 所示。

STEP 02 在弹出的"新建序列"对话框中设置项目序列参数，如图 6-62 所示。

图 6-61

图 6-62

2. 素材的导入

STEP 01 在"项目"面板中双击，在弹出的素材文件夹中选择所需的"03.mp3"音频素材，如图 6-63 所示。

STEP 02 单击"打开"按钮，即可将素材导入到"项目"面板中，如图 6-64 所示。

3. 插入素材并选择 PitchShifter（变调）音频特效

STEP 01 将"项目"面板中的素材插入到"时间线"面板中，如图 6-65 所示。

STEP 02 打开"效果"面板，在"音频效果"栏中选择 PitchShifter 音频特效，如图 6-66 所示。

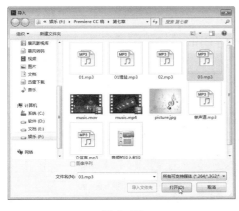

图 6-63

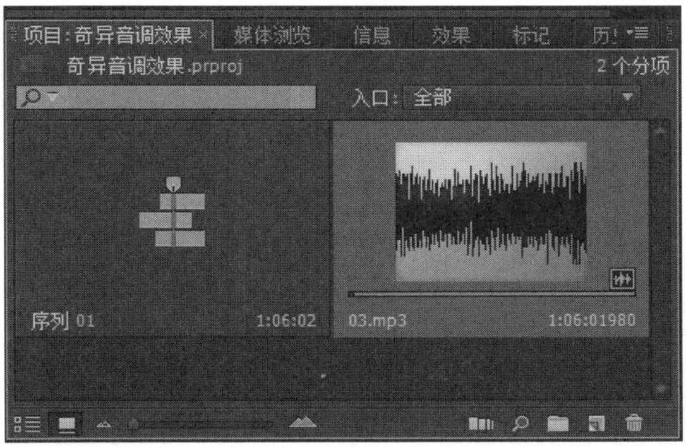

图 6-64

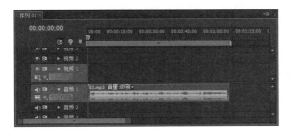

图 6-65

图 6-66

4．添加音频特效并设置参数

STEP 01 为"03.mp3"音频素材添加 PitchShifter（变调）音频特效，如图 6-67 所示。

STEP 02 打开"特效控制台"面板，将时间指示器拖至开始处，并为素材添加 Pitch（音调）、FineTune（微调）和 FormantPreserve（共振保护）关键帧，如图 6-68 所示。

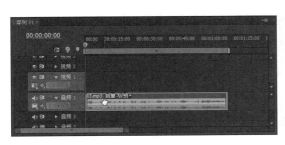

图 6-67

图 6-68

STEP 03 设置 Pitch（音调）参数为 –5semitone（半音），FineTune（微调）参数为 2cents（分），如图 6-69 所示。

STEP 04 用同样的方法将时间指示器拖至 00:00:53:00 处，为素材添加第二个关键帧，设置 Pitch（音调）为 –12semitone（半音），FineTune（微调）为 –50cents（分），FormantPreserve（共振保护）为 Off（关），如图 6-70 所示。

5. 导出文件并保存项目

STEP **01** 设置完成后，按 Ctrl+M 组合键，在弹出的"导出设置"对话框中设置导出文件参数，如图 6-71 所示。

STEP **02** 单击"确定"按钮，即可对当前项目进行输出，如图 6-72 所示。

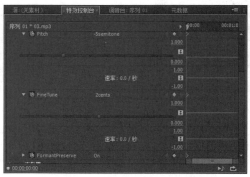
图 6-69

图 6-70

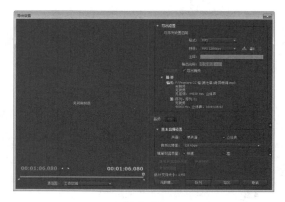
图 6-71

图 6-72

STEP **03** 完成上述操作后，按空格键，即可试听音频效果，如图 6-73 所示。

STEP **04** 执行"文件 > 保存"命令，即可保存项目文件，如图 6-74 所示。

图 6-73

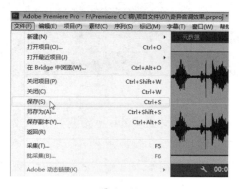
图 6-74

6.4.2 "多功能延迟"效果

在 Premiere Pro 中，可以通过"多功能延迟"音频特效来制作声音的延迟效果，如歌曲伴唱等效果。

在制作歌曲伴唱效果时，经常会用到 Premiere Pro 中的"多功能延迟"音频特效。下面将通过制作歌曲伴唱效果向读者详细讲解"多功能延迟"效果的运用。

1. 新建项目并设置音频轨道参数

STEP 01 新建项目，在弹出的"新建项目"对话框中设置名称、保存位置等参数，如图 6-75 所示。

STEP 02 在弹出的"新建序列"对话框中设置项目序列参数，如图 6-76 所示。

图 6—75

图 6—76

2. 导入素材并插入"时间线"面板

STEP 01 在"项目"面板中双击，在弹出的素材文件夹中选择所需的"04.wmv"音频素材，如图 6-77 所示。

STEP 02 单击"打开"按钮，即可将素材导入到"项目"面板中，如图 6-78 所示。

STEP 03 将"项目"面板中的素材拖至"时间线"面板，在弹出的"素材不匹配警告"对话框中单击"更改序列设置"按钮，如图 6-79 所示。

STEP 04 完成上述操作后，即可在"节目监视器"面板中预览效果，如图 6-80 所示。

3. 添加"多功能延迟"音频特效

STEP 01 打开"效果"面板，在"音频效果"栏中选择"多功能延迟"音频特效，如图 6-81 所示。

STEP 02 将"多功能延迟"音频特效添加到"时间线"面板的 V1 轨道上，如图 6-82 所示。

图 6-77

图 6-78

图 6-79

图 6-80

图 6-81

图 6-82

4. 设置"多功能延迟"特效参数

STEP 01 打开"特效控制台"面板,将时间指示器拖至开始处,添加第一个关键帧,并选中"旁路"复选框,设置"延迟 1"为 0.2 秒,"延迟 2"为 0.4 秒,"延迟 3"为 0.6 秒,"延迟 4"为 0.8 秒,如图 6-83 所示。

STEP 02 用同样的方法将时间指示器拖至 00:00:01:00 处,添加第二个关键帧,取消选中"旁路"复选框,如图 6-84 所示。

5．预览效果并保存项目

STEP 01 完成上述操作后，即可在"节目监视器"面板中试听音频效果，如图6-85所示。

STEP 02 执行"文件 > 保存"命令，即可保存项目文件，如图6-86所示。

图 6-83

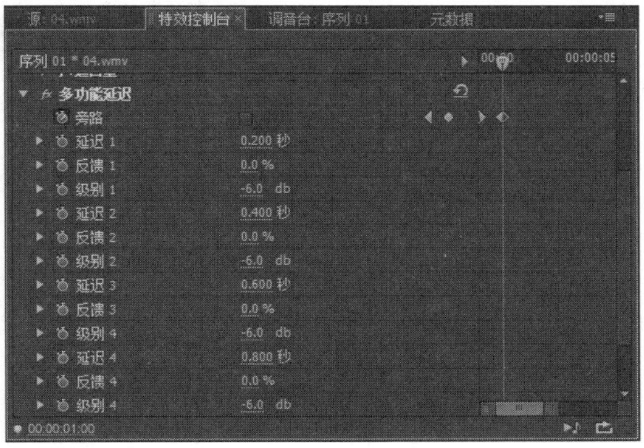

图 6-84

图 6-85

图 6-86

6．导出项目

STEP 01 设置完成后，按 Ctrl+M 组合键，在弹出的"导出设置"对话框中设置导出文件参数，如图6-87所示。

STEP 02 单击"确定"按钮，即可对当前项目进行输出，如图6-88所示。

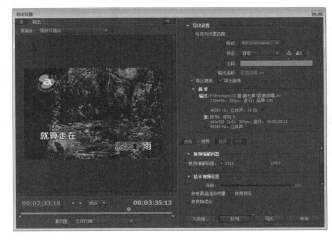

图 6-87

图 6—88

6.4.3 "低通"效果

在 Premiere Pro 中，"低通"效果用于删除高于指定频率界限的频率，使音频产生浑厚的低音音场效果。

在影视剪辑工作中，经常会对音频进行效果处理，其中低音音场效果对于氛围的塑造作用重大。下面将通过制作超重低音效果向读者详细讲解"低通"效果的运用。

1. 新建项目并设置音频轨道参数

STEP 01 新建项目，在弹出的"新建项目"对话框中设置名称、保存位置等参数，如图 6-89 所示。

STEP 02 在弹出的"新建序列"对话框中设置项目序列参数，如图 6-90 所示。

图 6—89

图 6—90

2. 导入素材并插入"时间线"面板

STEP 01 在"项目"面板中双击，在弹出的素材文件夹中选择所需的"05.mp4"音频素材，如图 6-91 所示。

STEP 02 单击"打开"按钮，即可将素材导入到"项目"面板中，如图 6-92 所示。

图 6-91　　　　　　　　　　　　　　图 6-92

STEP 03 将"项目"面板中的素材拖至"时间线"面板，在弹出的"素材不匹配警告"对话框中单击"更改序列设置"按钮，如图 6-93 所示。

STEP 04 完成上述操作后，即可在"节目监视器"面板中预览效果，如图 6-94 所示。

图 6-93

图 6-94

3．添加"低音"音频特效

STEP 01 打开"效果"面板，在"音频效果"栏中选择"多功能延迟"音频特效，如图 6-95 所示。

STEP 02 将"低音"音频特效添加到"时间线"面板的 V1 轨道上，如图 6-96 所示。

4．设置"低音"特效参数

STEP 01 打开"特效控制台"面板，将时间指示器拖至开始处，添加第一个关键帧，设置"放大"参数为 1.8 dB，如图 6-97 所示。

STEP 02 用同样的方法将时间指示器拖至 00:01:15:00 处，添加第二个关键帧，设置"放大"参数为 9.5 dB；将时间指示器拖至 00:03:00:00 处，添加第三个关键帧，设置"放大"参数为 4.0 dB，如图 6-98 所示。

Adobe Premiere Pro CS6
影视编辑设计与制作案例技能实训教程

CHAPTER 06
CHAPTER 07
CHAPTER 08
CHAPTER 09
CHAPTER 10

图 6-95

图 6-96

图 6-97

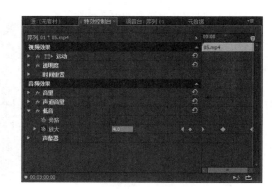

图 6-98

5. 预览效果并保存项目

STEP 01 完成上述操作后，即可在"节目监视器"面板中试听音频效果，如图6-99所示。

STEP 02 执行"文件>保存"命令，即可保存项目文件，如图6-100所示。

图 6-99

图 6-100

6. 导出项目

STEP 01 设置完成后，按Ctrl+M组合键，在弹出的"导出设置"对话框中设置导出文件参数，如图6-101所示。

STEP 02 单击"确定"按钮，即可对当前项目进行输出，如图6-102所示。

图 6-101

图 6-102

【自己练】

项目练习　音频的剪辑

🖥 项目背景

在影视节目中，声音是必不可少的角色，无论是同期的配音、后期的效果，还是背景音乐都是不可或缺的。对音频的剪辑，能很好地展示效果，传达主题。

🖥 项目要求

视频和音频要保持统一协调，通过关键帧的添加和设置，对音频进行合理剪辑，从而达到淡入淡出的效果，增强感染力和宣传力。

🖥 项目分析

使用"特效控制台"选项改变视频的大小；使用"显示轨道关键帧"选项制作音频的淡出与淡入效果。

🖥 项目效果

🖥 课时安排

2 课时。

第7章

制作 FLV 格式的影片
——项目输出详解

本章概述：

    在编辑好影片项目的内容之后，就可以将编辑好的项目文件进行渲染并导出为可以独立播放的视频文件或是其他格式文件。Premiere Pro 提供了多种输出方式，可以输出不同的文件类型。本章将为读者详细介绍对输出选项的设置，以及将影片输出为不同格式的方法与技巧。

要点难点：

影片项目的预演　★☆☆
输出视频和音频的设置　★★☆
各种格式的文件输出　★☆☆

案例预览：

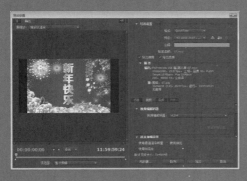

输出 FLV 格式影片

导出设置

【跟我学】 输出 FLV 格式的影片

💻 作品描述：

FLV 是 Flash Video 的简称，FLV 流媒体格式是随着 Flash MX 的推出发展而来的视频格式。它的出现有效地解决了视频文件导入 Flash 后，使导出的 SWF 文件体积庞大，不能在网络上很好地使用等缺点。本案例向读者详细介绍输出 FLV 格式的影片的具体操作。

1．新建项目和序列

STEP 01 新建项目，在弹出的"新建项目"对话框中设置名称、保存位置等参数，如图 7-1 所示。

STEP 02 在弹出的"新建序列"对话框中设置项目序列参数，如图 7-2 所示。

图 7-1

图 7-2

2．导入素材并将其插入"时间线"面板

STEP 01 在"项目"面板中双击，在弹出的素材文件夹中选择 01.mp3 和 07.jpg 素材，如图 7-3 所示。

STEP 02 单击"打开"按钮，即可将素材导入到"项目"面板中，如图 7-4 所示。

图 7-3

图 7-4

STEP **03** 将 07.jpg 图像素材插入到"视频 1"轨道的开始处，如图 7-5 所示。

STEP **04** 完成操作后即可在"节目监视器"面板中预览效果，如图 7-6 所示。

图 7-5　　　　　　　　　　　图 7-6

3．设置素材属性

STEP **01** 选择 07.jpg 素材，打开"特效控制台"面板，设置缩放属性参数，如图 7-7 所示。

STEP **02** 设置完成后即可在"节目监视器"面板中预览效果，如图 7-8 所示。

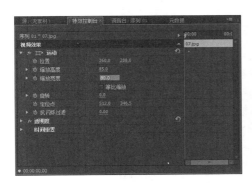

图 7-7　　　　　　　　　　　图 7-8

4．插入音频素材并设置素材持续时间

STEP **01** 将"01.mp3"音频素材插入到"音频 1"轨道的开始处，如图 7-9 所示。

STEP **02** 将"07.jpg"素材的时间长度设置成与"01.mp3"素材相同的参数，如图 7-10 所示。

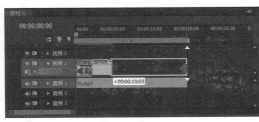

图 7-9　　　　　　　　　　　图 7-10

5．预览效果并保存项目

STEP **01** 完成上述操作后，即可在"时间线"面板中观看效果，如图 7-11 所示。

STEP **02** 执行"文件 > 保存"命令，即可保存项目文件，如图 7-12 所示。

197

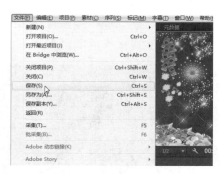

图 7-11　　　　　　　　　　　　　　图 7-12

6. 设置格式类型及视频编码参数并导出

STEP 01 设置完成后，按 Ctrl+M 组合键，在弹出的"导出设置"对话框中设置导出文件参数，如图 7-13 所示。

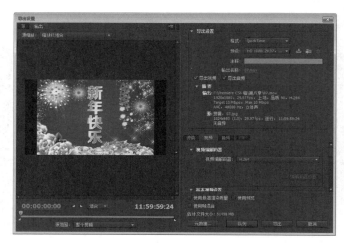

图 7-13

STEP 02 设置导出"格式"和"预设"参数，如图 7-14 所示。

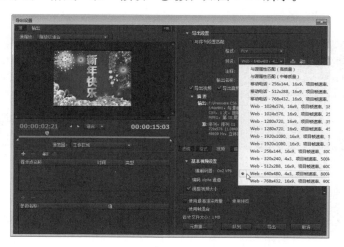

图 7-14

STEP 03 单击"视频"标签，切换到"视频"选项卡，在该选项卡中设置视频编码等参数，如图 7-15 所示。

STEP 04 单击"确定"按钮，即可对当前项目进行输出，如图 7-16 所示。

图 7-15

图 7-16

【听我讲】

7.1 项目输出准备

在影视剪辑工作中，输出完整影片之前要做好输出准备，其工作包括时间线设置、渲染预览以及输出方式的选择。下面将介绍输出准备工作的内容。

7.1.1 设置时间线

在"时间线"面板的工具栏中移动缩放滑块，调整轨道的显示比例，如图 7-17 所示。将鼠标指针放在"时间线"面板下方的缩放滑块右端，按住鼠标左键向右拖动调整工作区域显示效果，如图 7-18 所示。

图 7-17

图 7-18

7.1.2 渲染预览

渲染就是把编辑好的文字、图像、音频和视频效果等做一下预处理，生成暂时的预览视频，以使预览流畅，提高最终的输出速度、节约时间。渲染后，原先红色的时间线会变成绿色。

7.1.3 输出方式

在 Premiere Pro 中，输出方式大致分为菜单命令导出和快捷键导出两种，下面将逐一进行介绍。

方法一：执行"文件 > 导出 > 媒体"命令，在弹出的"导出设置"对话框中设置参数，如图 7-19、图 7-20 所示。

方法二：按 Ctrl+M 组合键，在弹出的"导出设置"对话框中设置参数。

由于实时预演不需要等待系统对画面进行预先的渲染，当播放素材或者拖动时间滑块时，画面会同步显示变化效果，因此实时预演是在编辑过程中经常用到的预演方法。下面将对实时预演的操作过程进行简单介绍。

图 7-19

图 7-20

1. 新建项目和序列

STEP 01 新建项目，在弹出的"新建项目"对话框中设置名称、保存位置等参数，如图 7-21 所示。

STEP 02 在弹出的"新建序列"对话框中设置项目序列参数，如图 7-22 所示。

图 7-21

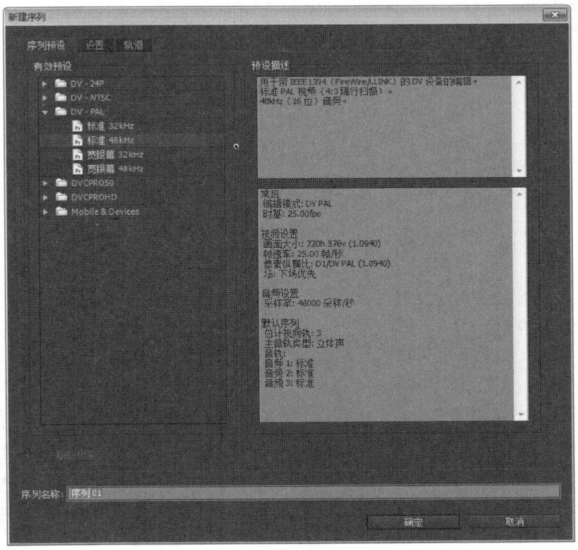

图 7-22

2. 导入素材并插入"时间线"面板

STEP 01 在"项目"面板中双击，在弹出的素材文件夹中选择所需的素材，如图 7-23 所示。

STEP 02 单击"打开"按钮，即可将素材导入到"项目"面板中，如图 7-24 所示。

STEP 03 将"项目"面板中的素材插入"时间线"面板，如图 7-25 所示。

STEP 04 打开"节目监视器"面板，浏览图像素材，如图 7-26 所示。

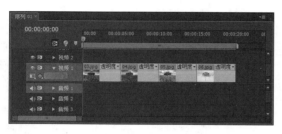

图 7-23

图 7-24

图 7-25

图 7-26

3．应用转场特效

STEP 01 打开"效果"面板，在该面板中展开"视频切换 > 叠化"卷展栏，选择"交叉叠化（标准）"视频转场特效，如图 7-27 所示。

STEP 02 将选择的"交叉叠化（标准）"视频转场特效添加到"时间线"面板的 03.jpg 和 04.jpg 素材之间，如图 7-28 所示。

图 7-27

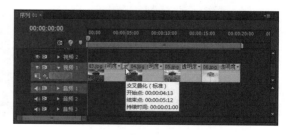

图 7-28

4．设置特效参数

STEP 01 在"时间线"面板中选择添加的视频转场特效，打开"特效控制台"面板，设置特效参数，如图 7-29 所示。

STEP 02 完成操作后，打开"节目监视器"面板可预览画面的显示效果，如图 7-30 所示。

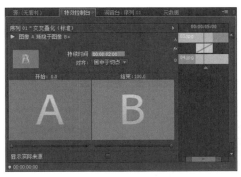
图 7-29

图 7-30

5．应用转场特效

STEP 01 用同样的方法依次在 04.jpg 和 05.jpg 素材之间添加"渐隐为白色"视频转场特效，在 05.jpg 和 06.jpg 素材之间添加"胶片溶解"视频转场特效，并设置特效参数，如图 7-31 所示。

STEP 02 完成操作后，打开"节目监视器"面板可预览画面的显示效果，如图 7-32 所示。

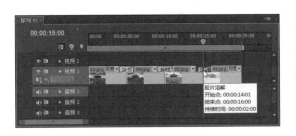
图 7-31

图 7-32

6．设置工作区域

STEP 01 在"时间线"面板的工具栏中移动缩放滑块，调整轨道的显示比例，如图 7-33 所示。

STEP 02 将鼠标指针放在"时间线"面板下方的缩放滑块右端，按住鼠标左键向右拖动调整工作区域显示效果，如图 7-34 所示。

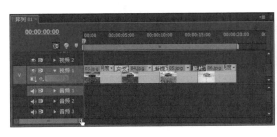
图 7-33

图 7-34

7．选择工作区域位置后执行渲染命令

STEP 01 按住 Alt 键，将鼠标指针放置到"时间线"面板的工作区域上并按住鼠标左键向右拖动，直到选中所有的素材，如图 7-35 所示。

STEP 02 执行"序列＞ Render Effects in Work Area"命令，如图 7-36 所示。

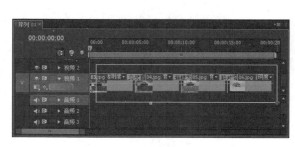

图 7-35　　　　　　　　　　图 7-36

8．渲染工作区域

STEP 01 在执行命令之后，系统将自动渲染工作区域，如图 7-37 所示。

STEP 02 在渲染完成之后，工作区域的状态线成为绿色，如图 7-38 所示。

图 7-37　　　　　　　　　　图 7-38

9．保存编辑并预览项目

STEP 01 在预演工作区域之后，执行"文件＞保存"命令，对当前的编辑项目进行保存，如图 7-39 所示。

STEP 02 完成上述操作后，即可在"节目监视器"面板中预览效果，如图 7-40 所示。

图 7-39　　　　　　　　　　图 7-40

7.2　可输出的格式

影视编辑工作中需要各种格式的文件，在 Premiere Pro 中，也支持输出成多种不同格式的文件。下面将详细介绍可输出的格式以及每一种文件格式的属性。

7.2.1　可输出的视频格式

可输出的视频格式分很多种，其中包括 AVI 格式、QuickTime 格式、MPEG4 格式、FLA 格式和 H.264 格式等 5 种输出格式。下面将对这 5 种可输出的视频格式进行详细介绍。

1．AVI 格式文件

AVI 英文全称为 Audio Video Interleaved，即音频视频交错格式，是将语音和影像同步组合在一起的文件格式。它对视频文件采用了一种有损压缩方式。尽管画面质量不是太好，但应用范围非常广泛，可实现多平台兼容。AVI 文件主要应用在多媒体光盘上，用来保存电视、电影等各种影像信息。

2．QuickTime 格式文件

QuickTime 影片格式即 MOV 格式文件，它是 Apple 公司开发的一种音频、视频文件格式，用于存储常用数字媒体类型。MOV 文件声画质量高，播出效果好，但跨平台性较差，很多播放器都不支持 MOV 格式影片的播放。

3．MPEG4 格式文件

MPEG 是运动图像压缩算法的国际标准，现几乎已被所有计算机平台支持。其中 MPEG4 是一种新的压缩算法，使用这种算法可将一部 120 分钟长的电影压缩为 300 MB 左右的视频流，便于传输和网络播出。

4．FLV 格式文件

FLV 格式是 Flash Video 格式的简称，是随着 Flash MX 的推出，Macromedia 公司开发的属于自己的流媒体视频格式。FLV 流媒体格式是一种新的视频格式，由于它形成的文件极小、加载速度也极快，这就使得网络观看视频文件成为可能。FLV 格式不仅可以轻松地导入 Flash 中，几百帧的影片只需两秒钟；同时也可以通过 RTMP 协议从 Flashcom 服务器上流式播出。因此，目前国内外主流视频网站的在线观看都在使用此格式。

5．H.264 格式文件

H.264 被称作 AVC（Advanced Video Codec，先进视频编码），是 MPEG4 标准的第 10 部分，用来取代之前 MPEG4 第 2 部分（简称 MPEG4P2）所制定的视频编码，因为 AVC 有着比 MPEG4P2 强很多的压缩效率。最常见的 MPEG4P2 编码器有 divx 和 xvid（开源），最常见的 AVC 编码器是 x264（开源）。

7.2.2　可输出的音频格式

可输出的音频格式分为 4 种，即 MP3 格式、WAV 格式、AAC 音频格式、Windows Media 格式。下面将对这 4 种可输出的音频格式进行详细介绍。

1．MP3 格式文件

MP3 是一种音频压缩技术，其全称是动态影像专家压缩标准音频层面 3（Moving Picture Experts Group Audio Layer III），简称 MP3。它被设计用来大幅度地降低音频数据量。利用 MPEG Audio Layer 3 的技术，将音乐以 1:10 甚至 1:12 的压缩率，压缩成容量较小的文件，而对大多数用户来说重放的音质与最初的不压缩音频相比没有明显的下降。其优点是压缩后占用空间小，适用于移动设备的存储和使用。

2．WAV 格式文件

WAV 波形文件，是微软和 IBM 共同开发的 PC 标准声音格式，文件后缀名为 .wav，是一种通用的音频数据文件。通常使用 WAV 格式来保存一些没有压缩的音频，也就是经过 PCM 编码后的音频，因此也称为波形文件。它依照声音的波形进行存储，因此要占用较大的存储空间。

3．AAC 音频格式文件

AAC（Advanced Audio Coding），中文名为"高级音频编码"，出现于 1997 年，基于 MPEG-2 的音频编码技术。目的是取代 MP3 格式。2000 年，MPEG-4 标准出现后，AAC 重新集成了其特性，加入了 SBR 技术和 PS 技术，为了区别于传统的 MPEG-2 AAC，又称为 MPEG-4 AAC。

4．Windows Media 格式文件

Windows Media 格式文件即 Windows Media Audio，简称 WMA。

7.2.3　可输出的图像格式

可输出的图像格式分为 4 种，即 GIF 格式文件、BMP 格式文件、PNG 格式文件、Targa 格式文件。下面将对这 4 种可输出的图像格式进行详细介绍。

1．GIF 格式文件

AVI 英文全称为 Audio Video Interleaved，即音频视频交错格式，是将语音和影像同步组合在一起的文件格式。它对视频文件采用了一种有损压缩方式。尽管画面质量不是太好，但应用范围非常广泛，可实现多平台兼容。AVI 文件主要应用在多媒体光盘上，用来保存电视、电影等各种影像信息。

2．BMP 格式文件

BMP 是 Windows 操作系统中的标准图像文件格式，可以分成两类，即设备相关位图和设备无关位图，应用非常广泛。它采用位映射存储格式，除了图像深度可选以外，不使

用其他任何压缩，因此，BMP 文件所占用的空间很大。由于 BMP 文件格式是 Windows 环境中交换与图有关的数据的一种标准，因此在 Windows 环境中运行的图形图像软件都支持 BMP 图像格式。

3．PNG 格式文件

PNG 的名称来源于"可移植网络图形格式 (Portable Network Graphic Format)"，是一种位图文件存储格式。PNG 的设计目的是替代 GIF 和 TIFF 文件格式，同时增加一些 GIF 文件格式所不具备的特性。它一般应用于 Java 程序、网页中，原因是其压缩比高，生成的文件体积小。

4．Targa 格式文件

TGA（Targa）格式是计算机上应用最广泛的图像格式。它在兼顾了 BMP 图像质量的同时又兼顾了 JPEG 的体积优势。该格式自身的特点是通道效果、方向性。在 CG 领域常作为影视动画的序列输出格式，因为它兼具体积小和效果清晰的特点。

7.3　输出设置

一般情况下，用户需要先将编辑的影片合成一个在 Premiere Pro 中可以实时播放的影片，然后将其录制到录像带，或输出到其他媒介工具。在视频编辑工作中，输出影片前要进行相应的参数设置，其中包括导出设置、视频设置和音频设置等内容。本节向读者详细介绍输出影片的具体操作方法。

7.3.1　导出设置

"导出设置"对话框中的选项可以用来确定影片项目的导出格式、路径、文件名称等。

STEP 01 在"项目"面板中选择要导出的合成序列，然后执行"文件 > 导出 > 媒体"命令，如图 7-41 所示。

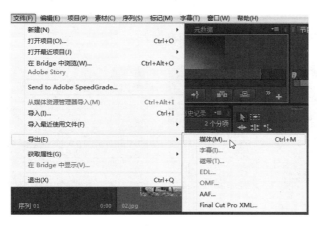

图 7—41

STEP **02** 弹出"导出设置"对话框，设置相应参数，如图 7-42 所示。

图 7—42

7.3.2 视频设置

"视频"选项卡中的选项可以对导出文件的视频属性进行设置，包括视频编解码器、影像质量、影像画面尺寸、视频帧速率、场序、像素长宽比等。选择不同的导出文件格式，设置的选项也不同，可以根据实际需要进行设置，或保持默认设置。视频设置选项如图 7-43 所示。

7.3.3 音频设置

"音频"选项卡中的选项可以对导出文件的音频属性进行设置，包括音频编解码器类型、采样速率、声道等。音频设置选项如图 7-44 所示。

图 7—43

图 7—44

操作技能

采用比源音频素材更高的品质进行输出，并不会提升音频的播放音质，反而会增加文件的大小。

【自己练】

项目练习　导出 AVI 无压缩格式文件

💻 项目背景

　　AVI 无压缩格式能支持最好的编码去重新组织视频和音频，生成的文件比较大。通常用于对视频质量要求比较高的项目。

💻 项目要求

　　项目设置要符合视频要求，对图像素材和音频素材进行整理和设置，使之衔接更加自然。设置导出设置参数，以保证视频效果。

💻 项目分析

　　新建序列和项目，并设置相关属性参数；使用"特效控制台"面板设置图像素材的大小；通过"导出媒体"命令对素材进行导出，在"导出设置"对话框中设置相应的导出参数。

💻 项目效果

💻 课时安排

　　1 课时。

第 8 章

综合案例
——制作圣诞节目片头

本章概述：

    随着社会的不断发展，圣诞节的气氛日益浓厚。在圣诞节来临之时，会有层出不穷的圣诞节目。圣诞节目片头不断创新，吸引了大众的眼球。本章主要介绍用 Premiere Pro 制作圣诞节目片头的具体操作方法。

要点难点：

关键帧的运用和设置   ★★☆
视频切换特效的设置   ★★☆
视频效果的应用   ★★★

案例预览：

制作圣诞节目片头

字幕属性

8.1 创意构思

制作的影视片头画面应该与片头的主题紧密相连，如制作圣诞节目的片头，画面内容就应该与圣诞节相关，并且通过背景音乐、画面的动画效果来突出整个片头的主题。由于本例主要是圣诞节目片头的展示，因此可以使用圣诞的相关元素制作出动画效果。本实例最终完成后的部分画面如图 8-1、图 8-2、图 8-3 和图 8-4 所示。

图 8-1

图 8-2

图 8-3

图 8-4

8.2 制作片头背景

本节将对项目的新建、素材的导入、视频特效的应用和设置，以及"胶片溶解"视频转场效果的应用等操作进行详细介绍。

1．新建项目和序列

STEP 01 新建项目，在弹出的"新建项目"对话框中设置名称、保存位置等参数，如图 8-5 所示。

STEP 02 在弹出的"新建序列"对话框中设置项目序列参数，如图 8-6 所示。

图 8-5　　　　　　　　　　　　　　图 8-6

2．导入素材并插入"时间线"面板

STEP 01 在"项目"面板中双击，在弹出的素材文件夹中选择所有素材。单击"打开"按钮，在弹出的"导入分层文件"对话框中将"导入为"设置为"合并所有图层"，如图 8-7 所示。

STEP 02 单击"确定"按钮后，即可将素材导入到"项目"面板中。将"背景 .jpg"图像素材插入到"视频 1"轨道的开始处，如图 8-8 所示。

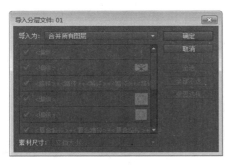

图 8-7

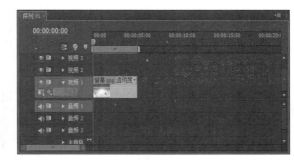

图 8-8

3. 设置素材属性

STEP 01 完成操作后，即可在"节目监视器"面板中预览效果，如图 8-9 所示。

STEP 02 切换至"特效控制台"面板，设置"背景.jpg"素材的属性，如图 8-10 所示。

图 8-9

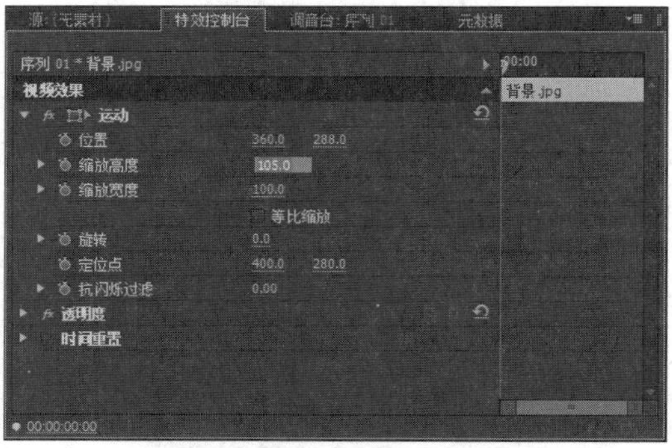

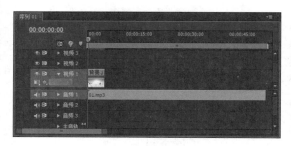

图 8-10

4. 插入音频素材并设置素材持续时间

STEP 01 完成操作后即可在"节目监视器"面板中预览效果，如图 8-11 所示。

STEP 02 将 01.mp3 音频素材插入到"音频 1"轨道的开始处，如图 8-12 所示。

图 8-11

图 8-12

STEP 03 将"背景.jpg"素材的时间长度拖至与 01.mp3 素材相同，如图 8-13 所示。

STEP 04 完成上述操作后，即可在"时间线"面板中观看效果，如图 8-14 所示。

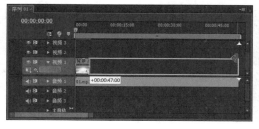

图 8-13

图 8-14

CHAPTER 06

CHAPTER 07

CHAPTER 08

CHAPTER 09

CHAPTER 10

5. 设置下雪效果

STEP 01 在"效果"面板中展开"视频特效 >FEC Particle"卷展栏，选择 FEC Snow 视频特效，如图 8-15 所示。

STEP 02 将 FEC Snow 视频特效添加到"背景.jpg"素材上，完成操作后即可在"节目监视器"面板中预览效果，如图 8-16 所示。

图 8-15

图 8-16

STEP 03 切换到"特效控制台"面板，设置 FEC Snow 的相关参数，如图 8-17 所示。

STEP 04 完成操作后，即可在"节目监视器"面板中预览效果，如图 8-18 所示。

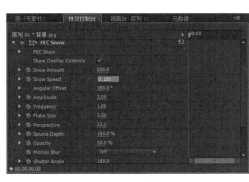

图 8-17

图 8-18

6. 设置视频转场效果

STEP 01 在"效果"面板中展开"视频切换 > 叠化"卷展栏，选择"胶片溶解"特效，如图 8-19 所示。

STEP 02 将"胶片溶解"特效添加到"背景.jpg"素材的开始处，如图 8-20 所示。

STEP 03 切换到"特效控制台"面板，设置"胶片溶解"特效的相关参数，如图 8-21 所示。

STEP 04 完成操作后，即可在"节目监视器"面板中预览效果，如图 8-22 所示。

Adobe Premiere Pro CS6
影视编辑设计与制作案例技能实训教程

CHAPTER 06

CHAPTER 07

CHAPTER 08

CHAPTER 09

CHAPTER 10

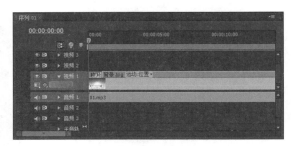

图 8-19　　　　　　　　　　图 8-20

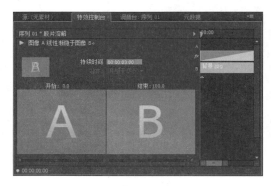

图 8-21　　　　　　　　　　图 8-22

8.3　制作装饰动画

本节对素材的插入、关键帧的应用和设置、视频特效的应用和设置，以及"胶片溶解"视频转场效果的应用等操作进行详细介绍。

1. 插入素材并设置属性

STEP 01 将时间指示器拖至 00:00:10:00 处，将 01.psd 素材添加到"视频 2"轨道上，如图 8-23 所示。

STEP 02 打开"特效控制台"面板，设置 01.psd 素材的相关属性，如图 8-24 所示。

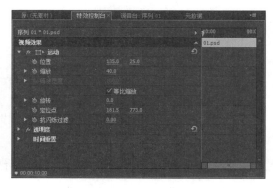

图 8-23　　　　　　　　　　图 8-24

STEP **03** 完成上述操作后，即可在"节目监视器"面板中预览效果，如图 8-25 所示。

STEP **04** 将时间指示器拖至 00:00:13:00 处，将 01.psd 素材添加到"视频 3"轨道上，如图 8-26 所示。

图 8-25

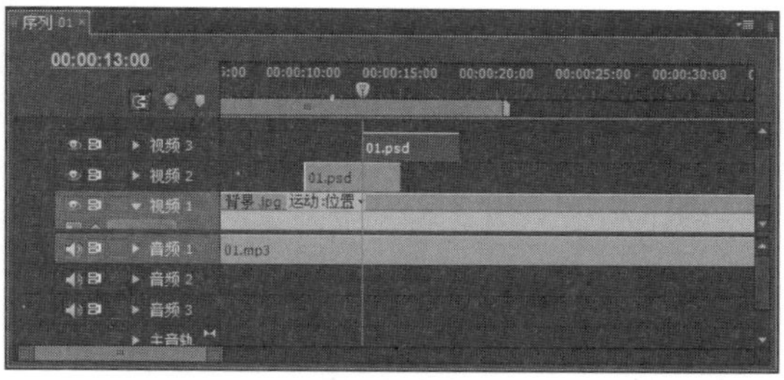

图 8-26

STEP **05** 打开"特效控制台"面板，设置 01.psd 素材的相关属性，如图 8-27 所示。

STEP **06** 拖曳"视频 2"轨道上的 01.psd 素材，使之与"背景 .jpg"素材的长度一致，如图 8-28 所示。

图 8-27

图 8-28

STEP **07** 用同样的方法拖曳"视频 3"轨道上的 01.psd 素材，使之与"背景 .jpg"素材的长度一致，如图 8-29 所示。

STEP **08** 将时间指示器拖至 00:00:16:00 处，将 01.psd 素材添加到"视频 4"轨道上，如图 8-30 所示。

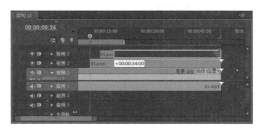

图 8-29

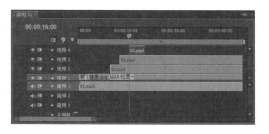

图 8-30

CHAPTER 06
CHAPTER 07
CHAPTER 08
CHAPTER 09
CHAPTER 10

STEP 09 用同样的方法拖曳"视频 4"轨道上的 01.psd 素材，使之与"背景 .jpg"素材的长度一致，如图 8-31 所示。

STEP 10 打开"特效控制台"面板，设置 01.psd 素材的相关属性，如图 8-32 所示。

图 8-31

图 8-32

2．重命名素材

STEP 01 完成上述操作后即可在"节目监视器"面板中预览效果，如图 8-33 所示。

STEP 02 选中"视频 3"轨道上的 01.psd 素材并右击，在弹出的快捷菜单栏中选择"重命名"命令，如图 8-34 所示。

图 8-33

图 8-34

STEP 03 在弹出的"重命名素材"对话框中对素材进行重命名，如图 8-35 所示。

STEP 04 用同样的方法对"视频 4"上的 01.psd 素材进行重命名，如图 8-36 所示。

图 8-35

图 8-36

3．设置关键帧动画

STEP **01** 将时间指示器拖至 00:00:10:00 处，选中 01.psd 素材，切换至"特效控制台"面板，添加第一个关键帧，设置"位置"为（135，−280）；在 00:00:11:00 处添加第二个关键帧，设置"位置"为（135，100）；在 00:00:11:15 处添加第三个关键帧，设置"位置"为（135，25），如图 8-37 所示。

STEP **02** 完成上述操作后，即可在"节目监视器"面板中预览效果，如图 8-38 所示。

图 8-37　　　　　　　　　　　　　　　　图 8-38

STEP **03** 将时间指示器拖至 00:00:13:00 处，选中 02.psd 素材，切换至"特效控制台"面板，添加第一个关键帧，设置"位置"为（220，−240）；在 00:00:15:00 处添加第二个关键帧，设置"位置"为（220，35）；在 00:00:14:15 处添加第三个关键帧，设置"位置"为（135，−40），如图 8-39 所示。

STEP **04** 完成上述操作后，即可在"节目监视器"面板中预览效果，如图 8-40 所示。

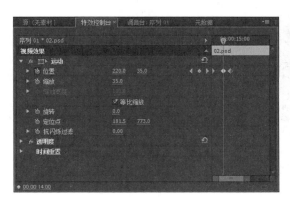

图 8-39　　　　　　　　　　　　　　　　图 8-40

STEP **05** 将时间指示器拖至 00:00:16:00 处，选中 03.psd 素材，切换至"特效控制台"面板，添加第一个关键帧，设置"位置"为（60，−240）；在 00:00:20:00 处添加第二个关键帧，设置"位置"为（60，−15）；在 00:00:17:15 处添加第三个关键帧，设置"位置"为（60，−90），如图 8-41 所示。

STEP 06 完成上述操作后，即可在"节目监视器"面板中预览效果，如图 8-42 所示。

图 8-41　　　　　　　　　　　　　　图 8-42

8.4　制作旋转雪花

本节将对素材的管理、关键帧的设置、素材属性参数的设置等操作进行详细介绍。

1．插入素材并设置相关属性

STEP 01 将时间指示器拖至 00:00:20:00 处，将 01.png 素材添加到"视频 5"轨道上，如图 8-43 所示。

STEP 02 用同样的方法拖曳 01.png 素材，使之与"背景 .jpg"素材的长度一致，如图 8-44 所示。

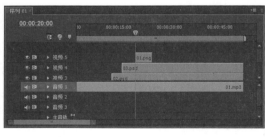

图 8-43　　　　　　　　　　　　　　图 8-44

STEP 03 将时间指示器拖至 00:00:25:08 处，将 01.png 素材添加到"视频 6"轨道上，如图 8-45 所示。

STEP 04 用同样的方法拖曳"视频 6"轨道上的 01.png 素材，使之与"背景 .jpg"素材的长度一致，如图 8-46 所示。

STEP 05 将"视频 6"轨道上的 01.png 素材重命名为 02.png，如图 8-47 所示。

STEP 06 完成操作后，即可在"节目监视器"面板中预览效果，如图 8-48 所示。

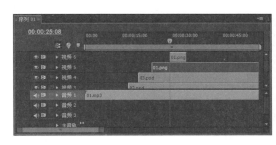

图 8-45

图 8-46

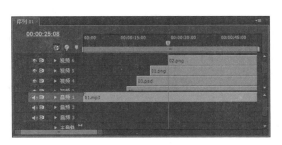

图 8-47

图 8-48

2．设置关键帧动画

STEP 01 将时间指示器拖至 00:00:20:00 处，选中 01.png 素材，切换至"特效控制台"面板，添加第一个关键帧，设置"位置"为（780，240），"缩放"为 0，"旋转"为 0；在 00:00:25:00 处添加第二个关键帧，设置"位置"为（300，240），"缩放"为 25，"旋转"为 1×0.0°，如图 8-49 所示。

STEP 02 完成上述操作后，即可在"节目监视器"面板中预览效果，如图 8-50 所示。

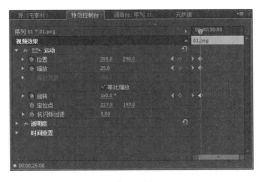

图 8-49

图 8-50

STEP 03 将时间指示器拖至 00:00:25:00 处，选中 0.2png 素材，切换至"特效控制台"面板，添加第一个关键帧，设置"位置"为（780，310），"缩放"为 0，"旋转"为 0；在 00:00:30:00 处添加第二个关键帧，设置"位置"为（240，310），"缩放"为 20，"旋转"为 1×0.0°，如图 8-51 所示。

CHAPTER 06

CHAPTER 07

CHAPTER 08

CHAPTER 09

CHAPTER 10

221

STEP **04** 完成上述操作后，即可在"节目监视器"面板中预览效果，如图 8-52 所示。

图 8-51 　　　　　　　　　　　　　　　　　　　图 8-52

8.5 制作字幕动画

本节将对素材的管理、字幕的创建、字幕属性的设置以及"卷走"和"抖动溶解"视频转场特效设置等进行详细介绍。

1. 创建字幕并设置属性

STEP **01** 在"项目"面板的工具栏中单击"新建分项"按钮，在弹出的菜单中执行"字幕"命令，如图 8-53 所示。

STEP **02** 在打开的"新建字幕"对话框中，设置字幕的"宽""高""像素纵横比"等参数，如图 8-54 所示。

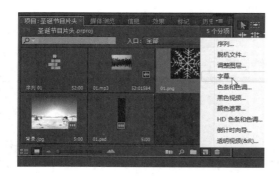

图 8-53 　　　　　　　　　　　　　　　　　　　图 8-54

STEP **03** 在"字幕工具"面板中选择"输入"工具 **T**，进入文本输入状态后输入文本，如图 8-55 所示。

STEP **04** 选中文本，在"字幕属性"面板中设置"变换"和"属性"参数，如图 8-56 所示。

STEP **05** 设置"填充"和"阴影"参数，如图 8-57 所示。

STEP **06** 设置完成后，可预览字幕效果，如图 8-58 所示。

图 8-55

图 8-56

图 8-57

图 8-58

STEP **07** 用同样的方法新建"字幕 02"，如图 8-59 所示。

STEP **08** 在"字幕工具"面板中选择"输入"工具，进入文本输入状态后输入文本，如图 8-60 所示。

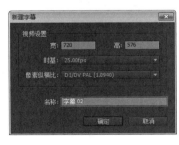

图 8-59

图 8-60

STEP **09** 选中文本，在"字幕属性"面板中设置"变换"和"属性"参数，如图 8-61 所示。

STEP **10** 设置"填充"和"阴影"参数，如图 8-62 所示。

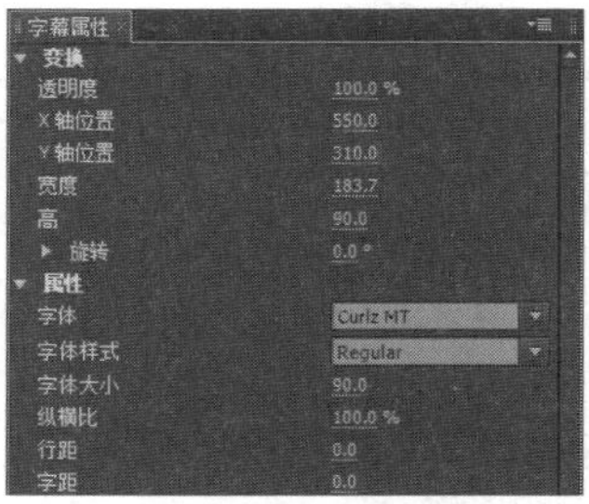

图 8-61

图 8-62

STEP 11 设置完成后，可预览字幕效果，如图 8-63 所示。

2. 插入字幕并设置转场动画

STEP 01 关闭"字幕设计器"面板，将时间指示器拖至 00:00:30:00 处，将"字幕01"添加到"视频7"轨道上，并拖曳使之与"背景 .jpg"素材的长度一致，如图 8-64 所示。

STEP 02 将时间指示器拖至 00:00:37:23 处，将"字幕02"添加到"视频8"轨道上，并拖曳使之与"背景 .jpg"素材的长度一致，如图 8-65 所示。

图 8-63

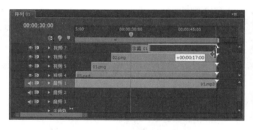

图 8-64

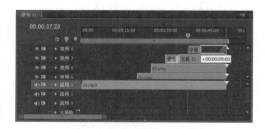

图 8-65

STEP 03 完成上述操作后，即可在"节目监视器"面板中预览效果，如图 8-66 所示。

STEP 04 在"效果"面板中展开"视频切换 > 卷页"卷展栏，选择"卷走"特效，如图 8-67 所示。

STEP 05 将"卷走"特效添加到"字幕01"素材的开始处，如图 8-68 所示。

STEP 06 切换到"特效控制台"面板，设置"卷走"特效的相关参数，如图 8-69 所示。

STEP 07 完成操作后，即可在"节目监视器"面板中预览效果，如图 8-70 所示。

STEP 08 在"效果"面板中展开"视频切换 > 叠化"卷展栏，选择"抖动溶解"特效，如图 8-71 所示。

STEP 09 将"抖动溶解"特效添加到"字幕02"素材的开始处，如图 8-72 所示。

STEP **10** 切换到"特效控制台"面板，设置"抖动溶解"特效的相关参数，如图 8-73 所示。

图 8-66

图 8-67

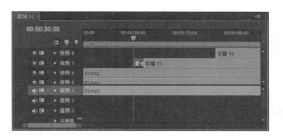

图 8-68

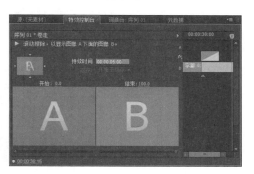

图 8-69

图 8-70

图 8-71

图 8-72

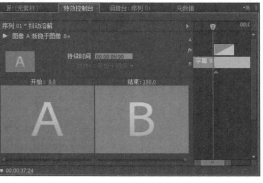

图 8-73

8.6　预览并导出片头

本节将对素材的管理、项目的保存以及导出设置等操作进行详细介绍。

1．预览效果并保存项目

STEP **01** 完成上述操作后，即可在"节目监视器"面板中观看效果，如图 8-74 所示。

STEP **02** 执行"文件 > 保存"命令，即可保存项目文件，如图 8-75 所示。

图 8-74　　　　　　　　　　　　　　　　　图 8-75

2．导出宣传视频

STEP **01** 设置完成后，按 Ctrl+M 组合键，在弹出的"导出设置"对话框中设置导出文件参数，如图 8-76 所示。

STEP **02** 单击"确定"按钮，即可对当前项目进行输出，如图 8-77 所示。

图 8-76　　　　　　　　　　　　　　　　　图 8-77

第9章

综合案例
——制作印象成都宣传片

本章概述：

　　随着宣传方式的日益多样化，视频成为一种备受欢迎的宣传形式。旅游宣传短片是宣传地方文化的一种视频表现形式，这种短小精美的宣传片，更容易吸引大众，获得更高的关注和更好的宣传效果。本章主要介绍用 Premiere Pro 制作旅游宣传短片的具体操作方法。

要点难点：

　　关键帧的运用和设置　★☆☆
　　视频转场特效的设置　★★☆
　　"轨道遮罩键"效果的应用　★★☆

案例预览：

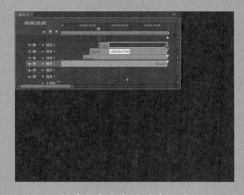

制作印象成都旅游宣传片

设置轨道遮罩效果

9.1　创意构思

　　制作的影视节目应该与主题紧密相连，如制作旅游宣传片，画面内容就应该与当地美食、风景等相关，并且通过背景音乐、画面的动静变化来突出整个宣传片的主题。在确定了创作思路之后，接下来的工作便是画面构图了。

　　由于本例主要是展示旅游宣传片的内容，因此可以使用图片展示和字幕介绍相结合的画面，并添加一些快节奏变化的效果。本实例最终完成后的部分画面如图 9-1、图 9-2、图 9-3 和图 9-4 所示。

图 9-1

图 9-2

图 9-3

图 9-4

9.2　制作宣传片开头

　　本节将对项目的新建、素材的导入方式、音频轨道参数的设置、静帧持续时间参数的设置等操作进行详细介绍。

1. 新建项目和序列

　　STEP 01　新建项目，在弹出的"新建项目"对话框中设置名称、保存位置等参数，如图 9-5 所示。

STEP **02** 在弹出的"新建序列"对话框中设置项目序列参数，如图 9-6 所示。

图 9-5　　　　　　　　　　　　　　　图 9-6

2. 导入素材并插入"时间线"面板

STEP **01** 在"项目"面板中双击，在弹出的素材文件夹中选择所有素材，如图 9-7 所示。

STEP **02** 单击"打开"按钮，即可将素材导入到"项目"面板中，如图 9-8 所示。

图 9-7　　　　　　　　　　　　　　　图 9-8

STEP **03** 将 01.png 图像素材插入到"视频 1"轨道的开始处，如图 9-9 所示。

STEP **04** 将时间指示器拖至 00:00:05:00 处，将 02.png 素材添加到"视频 1"轨道，如图 9-10 所示。

图 9-9   图 9-10

3. 插入音频素材并设置素材持续时间

(STEP 01) 完成操作后即可在"节目监视器"面板中预览效果,如图 9-11 所示。

(STEP 02) 将 01.mp3 音频素材插入到"音频 1"轨道的开始处,如图 9-12 所示。

图 9-11   图 9-12

(STEP 03) 将 02.png 素材的时间长度拖至与 01.mp3 素材相同,如图 9-13 所示。

(STEP 04) 完成上述操作后,即可在"节目监视器"面板中观看效果,如图 9-14 所示。

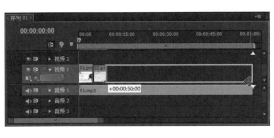

图 9-13   图 9-14

4. 新建字幕并设置属性

(STEP 01) 在"项目"面板的工具栏中单击"新建分项"按钮,在弹出的菜单中执行"字幕"命令,如图 9-15 所示。

(STEP 02) 在打开的"新建字幕"对话框中,设置字幕的"宽""高""像素纵横比"等参数,如图 9-16 所示。

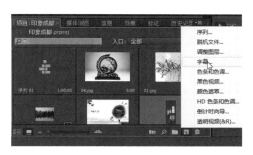
图 9-15

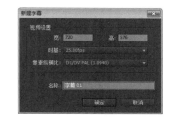
图 9-16

STEP 03 在"字幕工具"面板中选择"输入"工具 **T**，进入文本输入状态后输入文本，如图 9-17 所示。

STEP 04 选中文本，在"字幕属性"面板中设置"变换"和"属性"参数，如图 9-18 所示。

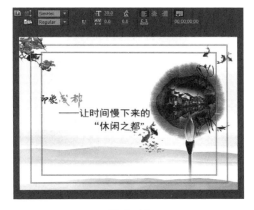
图 9-17

图 9-18

STEP 05 设置"填充"和"阴影"参数，如图 9-19 所示。

STEP 06 设置完成后可预览字幕效果，如图 9-20 所示。

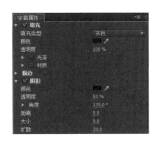
图 9-19

图 9-20

5. 插入字幕并设置关键帧动画

STEP 01 关闭"字幕设计器"面板,将"字幕01"添加到"视频2"轨道上,如图9-21所示。

STEP 02 将04.png图像素材插入到"视频3"轨道上,如图9-22所示。

图 9-21　　　　　　　　　　　　　　　　图 9-22

STEP 03 打开"特效控制台"面板,设置相关参数,如图9-23所示。

STEP 04 完成上述操作后,即可在"节目监视器"面板中预览效果,如图9-24所示。

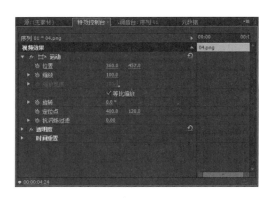

图 9-23　　　　　　　　　　　　　　　　图 9-24

STEP 05 选择"字幕01"素材,将时间指示器拖至开始处,添加第一个关键帧,设置"位置"为(360,350),如图9-25所示。

STEP 06 将时间指示器拖至00:00:03:00处,添加第二个关键帧,设置位置为(360,288),如图9-26所示。

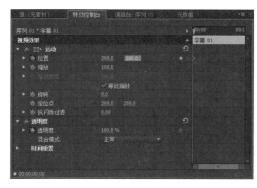

图 9-25　　　　　　　　　　　　　　　　图 9-26

9.3 制作宣传片第二部分

本节将对素材的管理、关键帧的设置、嵌套序列以及"轨道遮罩键"视频效果的应用与设置等操作进行详细介绍。

1. 新建素材文件夹

STEP 01 在"项目"面板的工具栏中单击"新建文件夹"按钮，新建文件夹，并将新建的文件夹命名为"印象名胜"，如图9-27所示。

STEP 02 将"项目"面板中的05.jpg ～ 08.jpg素材拖至文件夹中，如图9-28所示。

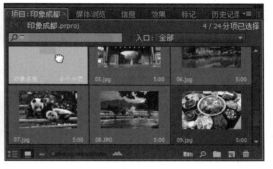

图9-27   图9-28

2. 插入素材并设置持续时间

STEP 01 用同样的方法新建"印象美食"文件夹并将09.jpg ～ 12.jpg素材拖至其中；新建"印象蜀绣"文件夹并将01.jpg ～ 04.jpg素材拖至其中，如图9-29所示。

STEP 02 将"项目"面板中的01.psd素材拖至"视频2"轨道上，如图9-30所示。

图9-29   图9-30

STEP 03 打开"特效控制台"面板，设置相关参数，如图9-31所示。

STEP 04 完成上述操作后，即可在"节目监视器"面板中预览效果，如图9-32所示。

图 9-31   图 9-32

STEP 05 选择 01.psd 素材并右击，在弹出的快捷菜单中选择"速度 / 持续时间"命令，如图 9-33 所示。

STEP 06 在弹出的"素材速度 / 持续时间"对话框中设置参数，如图 9-34 所示。

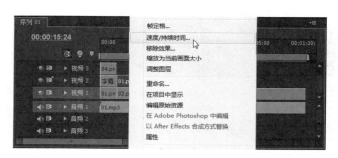

图 9-33   图 9-34

STEP 07 用同样的方法插入 02.psd 素材并设置持续时间为 00:00:18:00，如图 9-35 所示。

STEP 08 将 03.psd 素材插入到"时间线"面板中，并将其拖至与"视频 1"轨道"素材"齐平，如图 9-36 所示。

图 9-35   图 9-36

STEP 09 用同样的方法设置 02.psd 和 03.psd 素材的相关属性，如图 9-37 所示。

STEP 10 完成设置后即可预览效果，如图 9-38 所示。

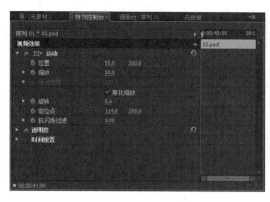

图 9-37

图 9-38

3. 设置关键帧动画

STEP 01 选中 01.psd 素材，在 00:00:05:00 处添加第一个关键帧，设置"透明度"为 0；在 00:00:08:00 处添加第二个关键帧，设置"透明度"为 100%，如图 9-39 所示。

STEP 02 用同样的方法在 00:00:20:00 处添加第三个关键帧，设置"缩放"为 50；在 00:00:21:00 处添加第四个关键帧，设置"缩放"为 0，如图 9-40 所示。

图 9-39

图 9-40

STEP 03 选中 02.psd 素材，在 00:00:23:00 处添加第一个关键帧，设置"透明度"为 0；在 00:00:26:00 处添加第二个关键帧，设置"透明度"为 100%；在 00:00:38:00 处添加第三个关键帧，设置"缩放"为 50；在 00:00:39:00 处添加第四个关键帧，设置"缩放"为 0，如图 9-41 所示。

STEP 04 选中 03.psd 素材，在 00:00:41:00 处添加第一个关键帧，设置"透明度"为 0；在 00:00:44:00 处添加第二个关键帧，设置"透明度"为 100%；在 00:00:57:00 处添加第三个关键帧，设置"缩放"为 50；在 00:00:58:00 处添加第四个关键帧，设置"缩放"为 0，如图 9-42 所示。

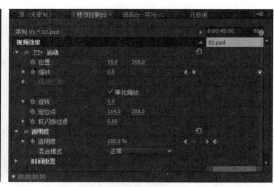

图 9-41   图 9-42

4. 设置"轨道遮罩键"效果

STEP 01 新建字幕，在弹出的"新建字幕"对话框中设置参数，如图 9-43 所示。

STEP 02 单击"确定"按钮后，选择"椭圆形"工具 ，在"字幕设计器"面板中绘制一个圆形，如图 9-44 所示。

图 9-43

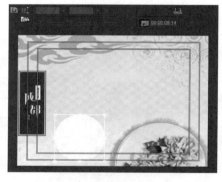

图 9-44

STEP 03 关闭"字幕设计器"面板，将时间指示器拖至 00:00:08:00 处，将 05.jpg 素材添加到"视频 3"轨道，将"字幕 02"素材添加到"视频 4"轨道上，如图 9-45 所示。

STEP 04 选中 05.jpg 素材，在"效果"面板中展开"视频特效 > 键控"卷展栏，选择"轨道遮罩键"特效，如图 9-46 所示。

图 9-45

图 9-46

STEP 05 选中 05.jpg 素材，切换至"特效控制台"面板，设置"轨道遮罩键"特效参数，如图 9-47 所示。

STEP 06 选中"字幕02"素材，在"特效控制台"面板中设置相关参数，如图 9-48 所示。

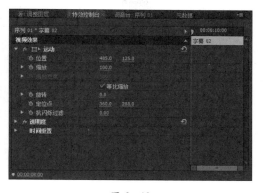

图 9—47 　　　　　　　　　　　　图 9—48

STEP 07 完成上述操作后，即可在"节目监视器"面板中预览效果，如图 9-49 所示。

STEP 08 选中 05.jpg 和"字幕02"素材并右击，在弹出的快捷菜单中执行"嵌套"命令，如图 9-50 所示。

图 9—49 　　　　　　　　　　　　图 9—50

STEP 09 完成操作后，即可新建一个"嵌套序列01"，如图 9-51 所示。

STEP 10 用同样的方法将 06.jpg 和"字幕02"素材分别添加到"视频3"和"视频4"轨道上，如图 9-52 所示。

图 9—51 　　　　　　　　　　　　图 9—52

STEP 11 选中 06.jpg 素材，切换至"特效控制台"面板，设置"轨道遮罩键"特效参

Adobe Premiere Pro CS6
影视编辑设计与制作案例技能实训教程

数，如图 9-53 所示。

STEP 12 选中"字幕 02"素材，在"特效控制台"面板中设置相关参数，如图 9-54 所示。

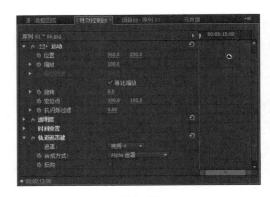

图 9-53　　　　　　　　　　　图 9-54

STEP 13 完成上述操作后，即可在"节目监视器"面板中预览效果，如图 9-55 所示。

STEP 14 用同样的方法将 07.jpg 和"字幕 02"素材分别添加到"视频 3"和"视频 4"轨道上。选中"07.jpg"素材，设置"轨道遮罩键"特效参数，如图 9-56 所示。

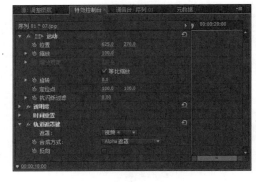

图 9-55　　　　　　　　　　　图 9-56

STEP 15 选中"字幕 02"素材，在"特效控制台"面板中设置相关参数，如图 9-57 所示。

STEP 16 完成上述操作后，即可在"节目监视器"面板中预览效果，如图 9-58 所示。

图 9-57　　　　　　　　　　　图 9-58

238

STEP 17 用同样的方法将 08.jpg 和"字幕 02"素材分别添加到"视频 3"和"视频 4"轨道上,并设置相关参数,如图 9-59 所示。

STEP 18 完成上述操作后,即可在"节目监视器"面板中预览效果,如图 9-60 所示。

图 9-59 图 9-60

5．设置持续时间及动画效果

STEP 01 用同样的方法把 06.jpg 和"字幕 02"素材设置为"嵌套序列 02";把 07.jpg 和"字幕 02"素材设置为"嵌套序列 03";把 08.jpg 和"字幕 02"素材设置为"嵌套序列 04",如图 9-61 所示。

STEP 02 选中"嵌套序列 01"素材,在"特效控制台"面板中设置参数,如图 9-62 所示。

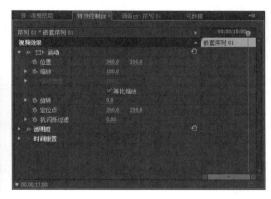

图 9-61 图 9-62

STEP 03 设置所有嵌套序列素材的"持续时间"为 00:00:12:00,如图 9-63 所示。

STEP 04 将"嵌套序列 02"~"嵌套序列 04"素材依次拖至"视频 4"~"视频 6"轨道上,完成操作后即可观看效果,如图 9-64 所示。

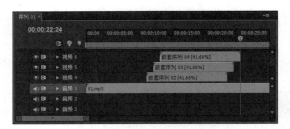

图 9-63　　　　　　　　　　图 9-64

9.4 制作宣传片第三部分

本节将对素材的管理、关键帧设置等操作进行详细介绍。

1. 插入素材并设置持续时间

STEP 01 用同样的方法将 09.jpg ~ 12.jpg 素材添加到"视频 3"~"视频 6"轨道上，如图 9-65 所示。

STEP 02 设置持续时间为 00:00:12:00，如图 9-66 所示。

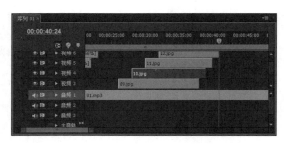

图 9-65

图 9-66

2. 设置关键帧动画

STEP 01 将时间指示器拖至 00:00:26:00 处，选中 09.jpg 素材，切换至"特效控制台"面板，添加第一个关键帧，设置"位置"为（360，288），"缩放"为 100；在 00:00:27:00 处，添加第二个关键帧，设置"缩放"为 70；在 00:00:27:10 处，添加第三个关键帧，设置"位置"为（245，135），如图 9-67 所示。

STEP 02 设置完成后，即可在"节目监视器"面板中预览效果，如图 9-68 所示。

STEP 03 将时间指示器拖至 00:00:28:00 处，选中 10.jpg 素材，切换至"特效控制台"面板，添加第一个关键帧，设置"位置"为（360，288），"缩放"为 100；在 00:00:29:00 处，添加第二个关键帧，设置"缩放"为 70；在 00:00:29:10 处，添加第三个关键帧，设置"位置"为（530，135），如图 9-69 所示。

STEP 04 设置完成后，即可在"节目监视器"面板中预览效果，如图 9-70 所示。

STEP 05 将时间指示器拖至 00:00:30:00 处，选中 11.jpg 素材，切换至"特效控制台"面板，添加第一个关键帧，设置"位置"为（360，288），"缩放"为 100；在 00:00:31:00 处，添加第二个关键帧，设置"缩放"为70；在00:00:31:10处，添加第三个关键帧，设置"位置"为（245，370），如图9-71所示。

STEP 06 设置完成后，即可在"节目监视器"面板预览效果，如图9-72所示。

图 9-67

图 9-68

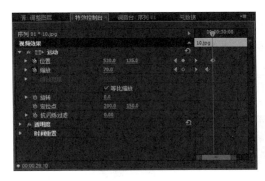

图 9-69

图 9-70

图 9-71

图 9-72

STEP 07 将时间指示器拖至00:00:32:00处，选中12.jpg素材，切换至"特效控制台"面板，添加第一个关键帧，设置"位置"为（360，288），"缩放"为100；在00:00:33:00处，添加第二个关键帧，设置"缩放"为70；在00:00:33:10处，添加第三个关键帧，设置"位置"为（530，370），如图9-73所示。

STEP 08 设置完成后，即可在"节目监视器"面板中预览效果，如图9-74所示。

图 9—73

图 9—74

9.5　制作宣传片第四部分

本节将对素材的管理、素材属性参数的设置等操作进行详细介绍。

1. 插入素材并设置持续时间

STEP 01 用同样的方法将 01.jpg ~ 04.jpg 素材添加到"视频 3"~"视频 6"轨道上，如图 9-75 所示。

STEP 02 设置持续时间为 00:00:10:00，如图 9-76 所示。

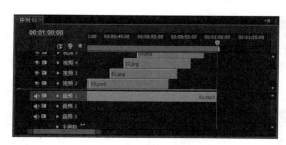

图 9—75

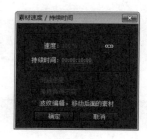

图 9—76

2. 设置素材属性

STEP 01 选中 01.jpg 素材，设置"位置"为（230，165），如图 9-77 所示。

STEP 02 设置完成后，即可在"节目监视器"面板中预览效果，如图 9-78 所示。

图 9—77

图 9—78

STEP **03** 选中 02.jpg 素材，设置"位置"为（520，165），如图 9-79 所示。

STEP **04** 设置完成后，即可在"节目监视器"面板中预览效果，如图 9-80 所示。

图 9-79

图 9-80

STEP **05** 选中 03.jpg 素材，设置"位置"为（260，400），如图 9-81 所示。

STEP **06** 设置完成后，即可在"节目监视器"面板中预览效果，如图 9-82 所示。

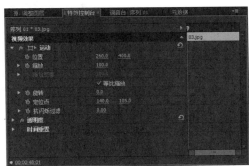

图 9-81

图 9-82

STEP **07** 选中 04.jpg 素材，设置"位置"为（550，400），如图 9-83 所示。

STEP **08** 设置完成后，即可在"节目监视器"面板中预览效果，如图 9-84 所示。

图 9-83

图 9-84

9.6 制作宣传片结尾

本节主要制作宣传片的结尾效果，重点介绍"油漆飞溅"视频切换效果的参数设置，及视频导出设置等操作。

1. 插入素材并预览效果

STEP 01 将时间指示器拖至 00:01:00:00 处，将 03.png 素材拖至"视频 1"轨道上，如图 9-85 所示。

STEP 02 完成操作后，即可在"节目监视器"面板中预览效果，如图 9-86 所示。

图 9-85

图 9-86

2. 添加视频切换特效并设置参数

STEP 01 在"效果"面板中展开"视频切换 > 擦除"卷展栏，选择"油漆飞溅"特效，如图 9-87 所示。

STEP 02 将选中的特效添加到 03.png 素材开始处，如图 9-88 所示。

图 9-87

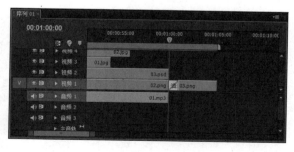

图 9-88

STEP 03 切换至"特效控制台"面板，设置持续时间为 00:00:02:00，如图 9-89 所示。

STEP 04 在"效果"面板中展开"视频切换 > 叠化"卷展栏，选择"渐隐为黑色"特效，如图 9-90 所示。

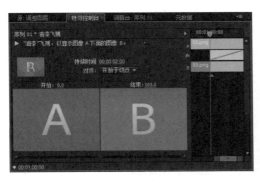

图 9-89　　　　　　　　　　　　　　　　　　　图 9-90

STEP 05 将选中的特效添加到 03.png 素材结束处，如图 9-91 所示。

STEP 06 设置完成后，即可在"节目监视器"面板中预览效果，如图 9-92 所示。

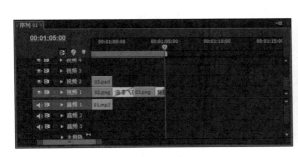

图 9-91　　　　　　　　　　　　　　　　　　　图 9-92

3．预览效果并保存项目

STEP 01 完成上述操作后，即可在"节目监视器"面板中观看效果，如图 9-93 所示。

STEP 02 执行"文件 > 保存"命令，即可保存项目文件，如图 9-94 所示。

图 9-93　　　　　　　　　　　　　　　　　　　图 9-94

4．导出宣传视频

STEP **01** 设置完成后，按 Ctrl+M 组合键，在弹出的"导出设置"对话框中设置导出文件参数，如图 9-95 所示。

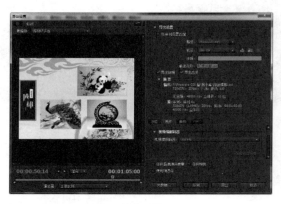

图 9-95

STEP **02** 单击"确定"按钮，即可对当前项目进行输出，如图 9-96 所示。

图 9-96

参 考 文 献

[1] 沈真波，薛志红，王丽芳. After Effects CS6 影视后期制作标准教程 [M]. 北京：人民邮电出版社，2016.

[2] 潘强，何佳. Premiere Pro CC 影视编辑标准教程 [M]. 北京：人民邮电出版社，2016.

[3] 周建国. Photoshop CS6 图形图像处理标准教程 [M]. 北京：人民邮电出版社，2016.

[4] 沿铭洋，聂清彬. Illustrator CC 平面设计标准教程 [M]. 北京：人民邮电出版社，2016.

[5] [美] Adobe 公司. Adobe InDesign CC 经典教程 [M]. 北京：人民邮电出版社，2014.

[6] 唯美映像. 3ds Max2013+VRay 效果图制作自学视频教程 [M]. 北京：人民邮电出版社，2015.